Solid State Chemistry

エキスパート応用化学テキストシリーズ
Expert Applied Chemistry Text Series

物性化学

Yukio Furukawa
古川行夫 ［著］

講談社

まえがき

　物性は，固体物理の範疇に入っており，化学では簡単にふれるだけであったが，近年の材料研究において固体物性の重要性が増している．市販されている物理化学の教科書では，物性化学の内容が乏しく，固体物理の本は化学の学生にとって難しいので，化学の学生に適した入門的な教科書の必要性を痛感していた．そのような折りに，講談社サイエンティフィクから，本書を執筆する機会を得た．

　本書の内容として，結晶の構造（実格子と逆格子），金属の自由電子，エネルギーバンド，電気伝導，半導体，誘電体，格子振動，光物理，磁気的性質を選んだ．バンド理論を使う機会は多く，化学の学生もバンド理論を習得する必要がある．バンド理論を通して得られる電子の挙動は，金属・半導体・誘電体における物性の違いとして現れる．格子振動はこれまで比熱などと関連して学習してきたが，材料評価法である赤外・ラマン分光法の基礎となっており，そのような分析法の理解につながることを目指した．光物理化学の基礎である電子励起状態の緩和や蛍光・リン光についても記述した．また，固体磁性の基礎となる角運動量と磁気双極子の関係を詳しく記述した．筆者は有機電子・光デバイスの研究を行っており，本書の内容が，無機・有機半導体デバイスの研究の基礎となることを念頭においている．

　物理化学の視点から自然現象を学ぶ際には，中心となる考え方を理解して，それをさまざまな例に適用することを心がけてほしい．幹と枝の違いを意識することが大切である．物理化学では，物理量を数式で表して，数式の変形で論理を展開するので，数式を使うことに慣れてほしい．数式のもつ意味を考えると，数式に親しみやすい．例えば，水素原子の電子状態を数式を用いて理解すると，同様な考え方すなわち数学の適用で，半導体のドーピングや励起子を理解することができる．

　筆者は分光学を専門としており，そのような立場で物性化学の教科書を執筆することを躊躇したが，非専門家でなければ気がつかないことがあるのではな

まえがき

いかという希望を持って，教科書としてまとめた．学部学生諸君にとって少しでも参考になれば，嬉しい限りである．また，近年，新しい材料を開発する際に，物性，構造，機能，化学合成などの広い分野にわたる知識が必要になっている．少なくとも，それらの分野の研究者同士の意思疎通が必要である．本書は，学生だけではなく，そのような材料開発に従事する研究者にも役立つことを願っている．

　本書を出版するに際して，早稲田大学古川研究室の学生諸君の貢献に感謝の意を表したい．また，講談社サイエンティフィクの五味研二氏の助けなしには，本書は出版されていない．本書の企画や執筆などすべての面で大変お世話になり，また，熱心な励ましと査読で，完成までたどり着くことができた．心から感謝申し上げます．

2015年3月
古川行夫

目　　次

第1章　序論──物性化学とは　　1

1.1　無機材料と有機材料　　1
1.2　電子　　3
1.3　不確定性原理　　7
1.4　量子論　　8
1.5　物質の構造と電子状態の研究手段　　12

第2章　結晶の構造：実格子と逆格子　　15

2.1　結晶構造と格子　　15
2.2　格子エネルギー　　26
2.3　逆格子　　28
2.4　X線回折と固体構造　　31

第3章　金属の自由電子　　41

3.1　1次元の自由電子　　41
3.2　3次元の自由電子　　51
3.3　フェルミ・ディラックの分布関数　　58

第4章　エネルギーバンド　　63

4.1　周期ポテンシャル中の電子　　63

4.2　周期性，ブロッホ関数 ･････････････････････････････････････ 69
4.3　ヒュッケル近似——ポリアセチレンの電子状態 ･･････････････ 73

第5章　電気伝導 ･･ 85

5.1　オームの法則 ･･ 85
5.2　自由電子の電気伝導 ･･････････････････････････････････････ 92
5.3　結晶中の電気伝導 ･･ 94
5.4　正孔（ホール） ･･･ 100
5.5　薄膜における電気伝導 ････････････････････････････････････ 103

第6章　半導体 ･･ 107

6.1　真性半導体 ･･ 107
6.2　不純物半導体 ･･ 114
6.3　高分子半導体の化学ドーピング ････････････････････････････ 119
6.4　pn接合 ･･ 122

第7章　誘電体の電気的性質 ････････････････････････････････ 129

7.1　分子の電気双極子モーメントと分極率 ･･････････････････････ 129
7.2　誘電体 ･･ 132
7.3　複素誘電率（動的誘電率） ････････････････････････････････ 139
7.4　誘電分散 ･･ 143
7.5　電気双極子の相互作用 ････････････････････････････････････ 149

第 8 章　格子振動 ……………………………………………… 155

8.1　単振動と連成振動 ………………………………………… 155
8.2　単原子直線格子の格子振動 ……………………………… 162
8.3　2 原子直線格子の格子振動 ……………………………… 165
8.4　シリコンの振動 …………………………………………… 168
8.5　ポリアセチレンの振動 …………………………………… 171

第 9 章　光物理 …………………………………………………… 175

9.1　光の吸収と蛍光 …………………………………………… 175
9.2　分子による光の吸収・発光と断熱ポテンシャルエネルギー
　　　曲線 ………………………………………………………… 176
9.3　リン光 ……………………………………………………… 181
9.4　励起状態のダイナミクス ………………………………… 183
9.5　励起子 ……………………………………………………… 188
9.6　電子励起状態の挙動 ……………………………………… 190
　　9.6.1　エネルギー移動 …………………………………… 190
　　9.6.2　励起錯体 …………………………………………… 192
　　9.6.3　遅延蛍光 …………………………………………… 193
9.7　有機 EL 素子 ……………………………………………… 194
9.8　発光ダイオード …………………………………………… 198

目　次

第10章　磁気的性質 …………………………………… 201

10.1 磁荷と磁気モーメント ………………………………… 201
10.2 軌道運動量とスピン角運動量 ………………………… 204
10.3 軌道角運動量と磁気双極子モーメント ……………… 209
10.4 スピン運動量と磁気双極子モーメント ……………… 212
10.5 磁化 ……………………………………………………… 214
10.6 常磁性と反磁性 ………………………………………… 216
10.7 強磁性 …………………………………………………… 217

付録 ………………………………………………………………220
さらに勉強したい人へ …………………………………………223
演習問題の解答 …………………………………………………225
索引 ………………………………………………………………226

第1章　序論——物性化学とは

　これまで，化学は原子や分子が関係する現象を扱う分野と思われてきたが，最近では，化学の分野で扱われる物質の種類は多くなり，また，結晶やアモルファス固体の構造や性質，電子状態・振動状態を学ぶことが必須となっている．物性化学とは，固体の結晶構造や電子状態・振動状態，電気的性質，光学的性質，磁気的性質に関する学問分野である．本章では，最近注目されている材料を紹介しながら，物性化学とはどのような学問分野であるのかについて概観する．また，第2章以降の基礎として，電子の量子論的描像と電子状態を記述する量子論の仮設について説明する．

1.1　無機材料と有機材料

　物質の性質には，主に電気的性質，磁気的性質，光学的性質がある．電気的性質に注目すると，物質は金属（導体），半導体，絶縁体（または誘電体）に分類できる．

　金属は私たちの身の回りで使用されておりなじみ深い．例えば，銅は抵抗値が小さいことから，導線として使用されている（**図1.1**）．また，ある種の金属や金属酸化物では，物質固有の転移温度以下で電気抵抗がゼロになる．この現象は超伝導とよばれ，超伝導体はリニアモーターカーへ利用されている．他方，金や銀は光沢が美しいことから，装飾品に使用されている．

　金属は力学的性質にすぐれており，自転車，自動車，電車，飛行機などを形作る材料としても使用されてきた．近年，金属の代わりに，力学的性質や耐熱性・耐久性にすぐれ，しかも軽いという利点をもつエンジニアリングプラスチック（通称エンプラ）とよばれる高分子が自動車や電化製品に使用されるようになってきた．この場合の高分子は絶縁体である．また，ゴルフのクラブやテニスのラケットの材料として使われてきた炭素繊維（**図1.2**）が，飛行機の材料としても使用されるようになってきている．自動車では車体に軽さが求め

図1.1　銅からなる導線

図1.2　炭素繊維（東レ（株））

られており，今後，こうした有機材料がますます利用されるようになるものと思われる．

　エレクトロニクスの主役は昔も今も無機物質からなる半導体である．シリコン（Si）をはじめとする無機半導体は，パーソナルコンピュータのCPUやメモリなどに利用されており，自動車や電化製品などの制御においても必要不可欠なものとなっている．本書の裏表紙にはシリコンウェハの写真を示した．シリコンでは再結晶法による超高純度な単結晶を作製する技術が確立されており，不純物（アクセプターやドナー原子）のドーピング量を正確に調整することにより，電気伝導度の制御が可能である．こうした技術により，ダイオードやトランジスタなどのデバイスがつくられ，今日の隆盛につながっている．「ものをきれいにする」技術は，物質科学においてもっとも重要である．また，再生可能エネルギーの一つとして太陽光発電が注目されており，多結晶シリコンを利用した太陽電池が実用化されている．

　物質の磁気的性質に着目すると，多くの物質が示すのは常磁性や反磁性である．このほかに強磁性やフェリ磁性もあり，強磁性体やフェリ磁性体は磁石や磁気ディスクなどとして利用されている．

　無機物には一般に，硬くてもろいという面がある．一方，有機物は柔らかい（フレキシブルである）．2014年のノーベル物理学賞受賞理由にもなった，無機半導体を利用した発光ダイオードが近年広く普及している一方で，有機半導体や有機導体を利用したデバイスも研究が進んでいる．

　こうした有機半導体や有機導体に関する研究は，日本から始まったものであ

る．1954年，赤松秀雄博士，井口洋夫博士らは，臭素をドーピングしたペリレンが導電性を示すことを報告した．これが有機物でありながら電気を流す物質に関する研究の始まりである．1977年には，白川英樹博士，Alan G. MacDiarmid博士，Alan J. Heeger博士らが，臭素やヨウ素をドーピングしたポリアセチレンが金属的な電気伝導度を示すことを報告した．高い電気伝導度を示す高分子は導電性高分子とよばれ，理論的な研究も行われた．2000年には「導電性高分子の発見と開発」の業績により，これら3氏に対してノーベル化学賞が授与された．本書の裏表紙に，導電性高分子の写真を示した．黒っぽく見えるフィルムがポリアセチレンである．

有機半導体の研究は急速に進んでおり，有機EL素子（有機発光ダイオードともよばれる）を基にしたディスプレイが実用化され，有機太陽電池，有機薄膜トランジスタなども実用化へ向けて活発に研究されている．特に，有機EL照明は実用化目前である（カバー袖の写真参照）．

現代社会では，多様な無機材料や有機材料が，それらがもつ電気的性質，磁気的性質，光学的性質を生かし，さまざまな製品として私たちの生活に役立っている．古くから材料として中心的な役割を担ってきたのは無機材料であるが，近年，有機材料が新しい材料として発展しているという大きな流れがあることを強調しておく．この本では，化学分野の学生を対象として，こうした多様な材料の応用を支えている基盤に相当する物性化学について解説を行う．基礎をしっかりと身に付けておけば，新しい応用を切り開く際に大きな力となる．

1.2　電子

材料の性質の鍵を握っているのは，多くの場合，電子である．電子というと，多くの人は負の電荷をもった粒子を思い描くのではないだろうか．1897年，物質の最小単位は原子であると考えられていた時代に，Joseph J. Thomsonは**図1.3**に示した真空放電管を用いた実験において，陰極線が電場と磁場により曲がることを発見し，負の電荷と磁荷をもった粒子すなわち電子の存在を示した．電子の静止質量m_eは

$$m_e = 9.10938 \times 10^{-31} \text{ kg} \tag{1.1}$$

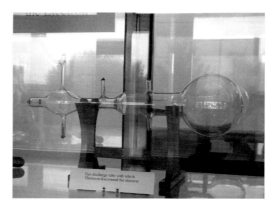

図1.3 Thomsonが電子の発見に使用した放電管（キャベンディッシュ研究所）

であり，電子がもつ電気量は

$$-e = -1.60218 \times 10^{-19} \text{ C} \tag{1.2}$$

である．なお，電子1個の質量をm，速度をvとすると，古典力学における**運動量**（momentum）pは

$$p = mv \tag{1.3}$$

と表される．

一方，電子は幅の狭いスリットを通ると回折現象を示し，また，雲母や金属薄膜などに電子線を当てると，X線回折と同様な回折現象が観測される．これらの結果は，古典力学の波動としての描像である．電子（一般には，粒子）が示す波は，**ド・ブロイ波**（de Broglie wave）とよばれている．ド・ブロイ波の**波長**（wavelength）をλとすると

$$\lambda = \frac{h}{p} = \frac{h}{mv} \tag{1.4}$$

の関係がある．ここで，hは**プランク定数**（Planck constant）であり，

$$h = 6.62607 \times 10^{-34} \text{ J·s} \tag{1.5}$$

である．式(1.4)を**ド・ブロイの式**（de Broglie relation）とよぶ．式(1.4)によると，**図1.4**に示すように，運動量が大きいほどド・ブロイ波の波長は短くなる．

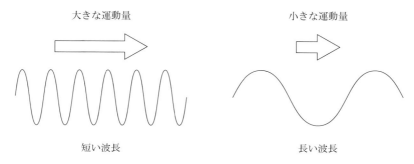

図1.4　ド・ブロイ波の運動量と波長の関係

ド・ブロイは1929年に,「電子の波動性の発見」の業績によりノーベル物理学賞を受賞した.電子は,古典力学における粒子としての描像と波動としての描像の二つの面をあわせもつ.このような性質を**波動・粒子の二重性**(wave-particle duality)という.

例題1.1　速度が5.32×10^6 m・s^{-1}である電子のド・ブロイ波長を有効数字2桁で計算しなさい.

[解答例]

単位について,J=kg・m^2・s^{-2}である.

$$\lambda = \frac{h}{m_e v} = \frac{6.63\times 10^{-34}\text{ kg・m}^2\text{・s}^{-2}\text{・s}}{9.11\times 10^{-31}\text{ kg}\times 5.32\times 10^6\text{ m・s}^{-1}} = 0.1367\cdots \times 10^{-9}\text{ m}$$

$$\approx 1.4\times 10^{-10}\text{ m}$$

物質の構造や電子状態は,光やX線を用いた実験方法で研究される.光やX線は電磁波の一種であり,電磁波は電場と磁場の横波である.光は回折現象を示すため,顕微鏡では実体像を観察することができる.これらは波が示す代表的な現象である.一方,光を金属に当てると電子が飛び出す現象,すなわち光電効果が発見された.Albert Einsteinは光が

$$E = h\nu \tag{1.6}$$

のエネルギーをもつ粒子としてふるまうと考えることで光電効果を説明した.光を,エネルギーをもつ粒子とみなしたとき,その粒子を**光子**(photon)ある

いは光量子とよぶ．角振動数を用いて書き換えると，

$$E = h\nu = h\frac{\omega}{2\pi} = \hbar\omega \tag{1.7}$$

となる．ここで，$\hbar = h/2\pi$ である．

光の**速度**（speed）c と波長 λ，**振動数**（frequency）ν の関係式

$$c = \lambda\nu \tag{1.8}$$

を用いると

$$E = h\nu = \frac{hc}{\lambda} = hc\tilde{\nu} \tag{1.9}$$

となる．ここで，波長の逆数を**波数**（wavenumber）と定義し，記号 $\tilde{\nu}$ で表す．単位は，SI単位系で m^{-1} であるが，多くの場合 cm^{-1} が用いられる．光も，波動・粒子の二重性を示す．電子と光が示す波動・粒子の二重性は，物性化学における重要な基礎となっている．

例題 1.2 真空中で波長が 532 nm である光の光子エネルギーを求めなさい．

［解答例］

$$E = h\nu = \frac{hc}{\lambda}$$

$$= \frac{6.63\times 10^{-34}\ \mathrm{J\cdot s} \times 3.00\times 10^{8}\ \mathrm{m\cdot s^{-1}}}{532\times 10^{-9}\ \mathrm{m}} = 3.74\cdots\times 10^{-19}\ \mathrm{J} \approx 3.7\times 10^{-19}\ \mathrm{J}$$

電子には，3次元空間の運動のほかに，**スピン**（spin）とよばれる角運動量（自転運動に例えられる）が存在し，磁気モーメントを示す．アルカリ金属などの発光スペクトルの微細構造やシュテルン・ゲルラッハの実験（銀を加熱・蒸発させて生成した銀粒子を磁場中に通過させると，ビームが2点に分かれる実験）から，電子スピンの存在が示された．電子スピンには，α スピンと β スピンとよばれる2つの状態しかない．また，2個以上の電子が同じ状態を占めることはできない．これを**パウリの排他原理**（Pauli exclusion principle）といい，多数の電子を考察する際に，重要な原理となる．

1.3 不確定性原理

古典力学において，野球のボールの運動を考える場合，ボールを質点としてとらえ，その位置と速度（または運動量）が時間とともにどのように変化するかを記述する．しかしながら，電子などの非常に小さなスケールの世界では，運動量と位置を同時に，任意の正確さで指定することは，自然法則として不可能である．これを**不確定性原理**（uncertainty principle）とよぶ．また，このとき位置と運動量は**相補的**（complementary）であるという．

位置・運動量の不確定性（不確かさ）の定量的関係は

$$\Delta p_x \Delta x \geq \frac{\hbar}{2}, \quad \Delta p_y \Delta y \geq \frac{\hbar}{2}, \quad \Delta p_z \Delta z \geq \frac{\hbar}{2} \quad (1.10)$$

と表される．ここで，$\Delta p_i \, (i=x,y,z)$，Δx，Δy，Δz は平均値を表す記号ブラケット $\langle \ \rangle$ を用いて，

$$\Delta p_i = \sqrt{\langle p_i^2 \rangle - \langle p_i \rangle^2} \quad (1.11)$$

$$\Delta x = \sqrt{\langle x^2 \rangle - \langle x \rangle^2}, \quad \Delta y = \sqrt{\langle y^2 \rangle - \langle y \rangle^2}, \quad \Delta z = \sqrt{\langle z^2 \rangle - \langle z \rangle^2} \quad (1.12)$$

である．

例題1.3 1辺が$1.0\,\text{Å}$の立方体の箱の中に閉じ込められた電子の速度の不確かさはどの程度か，見積もりなさい．

[解答例]

不確かさの下限を考える．$\Delta p_x \Delta x = \dfrac{\hbar}{2}$，$\Delta p_x = m\Delta v_x$ から，

$$\Delta v_x = \frac{\hbar}{2m\Delta x} = \frac{h}{4\pi m\Delta x}$$
$$= \frac{6.63\times 10^{-34}\,\text{J}\cdot\text{s}}{4\times 3.14\times 9.11\times 10^{-31}\,\text{kg}\times 10^{-10}\,\text{m}} = 5.79\cdots\times 10^5\,\text{m}\cdot\text{s}^{-1} \approx 5.8\times 10^5\,\text{m}\cdot\text{s}^{-1}$$

単位について，$\dfrac{\text{J}\cdot\text{s}}{\text{kg}\cdot\text{m}} = \dfrac{\text{kg}\cdot\text{m}^2\cdot\text{s}^{-2}\cdot\text{s}}{\text{kg}\cdot\text{m}} = \text{m}\cdot\text{s}^{-1}$ である．

ド・ブロイの式から，電子が粒子として決まった運動量をもっている場合，波長は一定となる．一方，波はこれらが存在しうる空間全体にわたっているので，正確に位置を決めることはできない．粒子としての決まった位置を求めるには，波長すなわち運動量が異なる波を重ね合わせた**波束**（wave packet）を考える必要がある．

　不確定性原理は，電子のエネルギーと時間の間にも成り立つ．時間Δtの間に電子のエネルギー E を測定する場合，その不確かさΔEとΔtの間には，

$$\Delta E \Delta t \geq \frac{\hbar}{2} \tag{1.13}$$

の関係が成り立つ．

1.4　量子論

　電子は粒子と波動としての描像を示すが，これらを理論的に考察する原理として，**シュレーディンガー方程式**（Schrödinger equation）がある．この式は，古典力学におけるニュートンの方程式に対応する．しかしながら，シュレーディンガー方程式とニュートンの方程式はまったく異なる考え方に基づいている．ここで，量子論の基礎となる仮説から，重要なものを説明する．これらの仮説から導かれるさまざまな結果は，実験結果と一致しており，電子のような小さなものの世界では量子論が成り立つことが証明されている．

仮説I　電子の状態は，位置と時間の関数である**波動関数**（wavefunction）により指定され，すべての物理量は波動関数に対して演算子を作用させることで得られる．波動関数は記号φ（ファイ）やψ（プサイ）などで表され，複素数である．波動関数が，次に示すように**規格化**（normalization）されている場合，$|\psi|^2 d\tau$は体積$d\tau$に電子を見出す確率を与える．

$$\int \psi^* \psi \, d\tau = \int |\psi|^2 d\tau = 1 \tag{1.14}$$

ここで，$d\tau$は体積素片であり，直交座標系では$d\tau = dxdydz$と表される．積分は，電子の存在が許されている空間全体にわたって行う．$|\psi|^2$は**確率密度**（probability density）とよばれる．また，波動関数自身を**確率振幅**（probability amplitude）とよぶこともある．

仮設 II 定常状態（時間に依存しない現象）の電子系では，系のエネルギーを E とすると，シュレーディンガー方程式は

$$\hat{H}\psi = E\psi \tag{1.15}$$

と表される．ここで，$\hat{H}$ はエネルギーを与える演算子で，**ハミルトン演算子**（Hamilton operator）とよばれる．1個の電子に関するハミルトン演算子は

$$\hat{H} = -\frac{\hbar^2}{2m}\nabla^2 + V = -\frac{\hbar^2}{2m}\left(\frac{\partial^2}{\partial x^2} + \frac{\partial^2}{\partial y^2} + \frac{\partial^2}{\partial z^2}\right) + V \tag{1.16}$$

と書ける．ここで，m は電子の質量，$\nabla = \left(\frac{\partial}{\partial x}, \frac{\partial}{\partial y}, \frac{\partial}{\partial z}\right)$ であり，右辺の第1項は運動エネルギーを与える演算子，第2項はポテンシャルエネルギー V を与える演算子である．電子が式(1.15)で指定される状態にあるとき，エネルギーの測定を行うと，その値は式(1.15)を満たす E のうちのどれかの値となる．

なお，シュレーディンガー方程式(1.15)は，

$$（演算子）× （関数）＝（数）× （関数）$$

の形の方程式となっている．このような式を**固有値方程式**（eigenvalue equation）とよぶ．このとき，関数を**固有関数**（eigenfunction），数を**固有値**（eigenvalue）とよぶ．

仮設 III 観測可能（オブザーバブルという）な量 Ω には，線形エルミート演算子 $\hat{\Omega}$ が対応し，その物理量の測定を行うと，

$$\hat{\Omega}\psi = \omega\psi \tag{1.17}$$

を満たす固有値 ω のうちのどれかの値となる．

例えば，位置 r の演算子 $\hat{r}$ は r であり（つまり r を乗じる），運動量 p の演算子 $\hat{p}$ は $-i\hbar\nabla$ である．任意の観測値の演算子（例えば角運動量演算子）は，$\hat{r}$ と $\hat{p}$ からつくることができる．

> **例題1.4** 次に示す異なる2つのエネルギーの固有関数を考える.
> $$\hat{H}\psi_1 = E_1\psi_1, \quad \hat{H}\psi_2 = E_2\psi_2 \quad (E_1 \neq E_2)$$
> ψ_1とψ_2の線形結合で表される関数は,エネルギーの固有関数であるか.
> ［解答例］
> 　固有関数ではない.

> **例題1.5** 角運動量Lのx, y, z成分に対応する演算子を求めなさい.
> ［解答例］
> 　古典力学では,$L_x = yp_z - zp_y$であるから,量子論におけるL_zの演算子は,
> $$\hat{L}_x = y\left(-i\hbar\frac{\partial}{\partial z}\right) - z\left(-i\hbar\frac{\partial}{\partial y}\right) = -i\hbar\left(y\frac{\partial}{\partial z} - z\frac{\partial}{\partial y}\right)$$
> である.同様にして,
> $L_y = zp_x - xp_z$であり,$\hat{L}_y = z\left(-i\hbar\frac{\partial}{\partial x}\right) - x\left(-i\hbar\frac{\partial}{\partial z}\right) = -i\hbar\left(z\frac{\partial}{\partial x} - x\frac{\partial}{\partial z}\right)$
> $L_z = xp_y - yp_x$であり,$\hat{L}_z = x\left(-i\hbar\frac{\partial}{\partial y}\right) - y\left(-i\hbar\frac{\partial}{\partial x}\right) = -i\hbar\left(x\frac{\partial}{\partial y} - y\frac{\partial}{\partial x}\right)$
> これらの角運動量の演算子は,第10章で使う.

仮説IV 電子が規格化された波動関数ψで表される状態にあるとき,演算子$\hat{\Omega}$に対応する観測値Ωの**期待値**(expectation value)$\langle\Omega\rangle$は

$$\langle\Omega\rangle = \int \psi^* \hat{\Omega} \psi \, d\tau \tag{1.18}$$

で与えられる.ここで,ψは$\hat{\Omega}$の固有関数である必要はない.

仮説V 任意の波動関数ψは規格直交系φ_iの線形結合で表すことができる.すなわち,

$$\psi = \sum_i \varphi_i \tag{1.19}$$

ここで，規格化されて互いに直交している1組の関数 φ_i を**規格直交系**（orthonormal）とよぶ．規格直交系の条件は

$$\int \varphi_i^* \varphi_j \, d\tau = \delta_{ij} = \begin{cases} 1 & (i = j) \\ 0 & (i \neq j) \end{cases} \tag{1.20}$$

と表される．あるオブザーバブルに対応する演算子の固有関数の集合は，規格直交系をつくる．

例題1.6 $E_1 = -13.2\,\mathrm{eV}$ である固有関数 φ_1 と $E_2 = -3.3\,\mathrm{eV}$ である固有関数 φ_2 の2つの状態からなる2状態系を考える．これらの固有関数は規格化され，直交しているとする．ここで，次の線形結合で表される状態を考える．エネルギーの測定を多数回行ったときの期待値を求めなさい．

$$\psi = \frac{1}{\sqrt{5}} \varphi_1 + \frac{2}{\sqrt{5}} \varphi_2$$

［解答例］

$$\begin{aligned}
\langle E \rangle &= \int \psi^* \hat{H} \psi \, d\tau = \int \left(\frac{1}{\sqrt{5}} \varphi_1 + \frac{2}{\sqrt{5}} \varphi_2 \right)^* \hat{H} \left(\frac{1}{\sqrt{5}} \varphi_1 + \frac{2}{\sqrt{5}} \varphi_2 \right) d\tau \\
&= \frac{1}{5} \int \varphi_1^* \hat{H} \varphi_1 \, d\tau + \frac{2}{5} \int \varphi_1^* \hat{H} \varphi_2 \, d\tau + \frac{2}{5} \int \varphi_2^* \hat{H} \varphi_1 \, d\tau + \frac{4}{5} \int \varphi_2^* \hat{H} \varphi_2 \, d\tau \\
&= \frac{1}{5} \int \varphi_1^* E_1 \varphi_1 \, d\tau + \frac{2}{5} \int \varphi_1^* E_2 \varphi_2 \, d\tau + \frac{2}{5} \int \varphi_2^* E_1 \varphi_1 \, d\tau + \frac{4}{5} \int \varphi_2^* E_2 \varphi_2 \, d\tau \\
&= \frac{1}{5} E_1 \int \varphi_1^* \varphi_1 \, d\tau + \frac{2}{5} E_2 \int \varphi_1^* \varphi_2 \, d\tau + \frac{2}{5} E_1 \int \varphi_2^* \varphi_1 \, d\tau + \frac{4}{5} E_2 \int \varphi_2^* \varphi_2 \, d\tau \\
&= \frac{1}{5}(-13.2\,\mathrm{eV}) + \frac{4}{5}(-3.3\,\mathrm{eV}) = -5.28\,\mathrm{eV}
\end{aligned}$$

1.5 物質の構造と電子状態の研究手段

　無機半導体や有機低分子半導体では，主に単結晶または多結晶の試料が利用されるため，構造を研究する手段として**X線回折**（X-ray diffraction）が有用な知見を与える．また，電子線回折も使用される．X線回折の実験と理論は，1910年代に発展した．図1.5に，William Henry Bragg（父）がWilliam Lawrence Bragg（子）に贈ったX線回折計の写真を示した．Bragg親子は，第2章で述べるブラッグの式を見出し，結晶構造解析の基礎を固めた．そして，1915年に「X線による結晶構造解析に関する研究」の業績により，親子でノーベル物理学賞を受賞した．X線回折は現在では，高性能装置が市販されるまでになっている．

　高分子半導体は，結晶化度が低く，アモルファス状態をとることが多いため，X線回折により固体構造に関する知見を得ることができない．そのため，**赤外分光法**（infrared spectroscopy）や**ラマン分光法**（Raman spectroscopy）が用いられる．赤外分光法とラマン分光法はいわゆる振動分光法であり，結晶だけでなく，アモルファス状態の構造に関する知見も与える．ラマン分光法の歴史は，1928年に，インドのラマンChandrasekhara V. Ramanによる**ラマン効果**（Raman effect）の発見に始まる．図1.6にラマンが使用した分光器の写真を示した．Ramanは，1930年に「光の散乱に関する研究とラマン効果の発見」の業績によりノーベル物理学賞を受賞した．今日では，顕微鏡とラマン分光を組み合わせた顕微ラマン装置が一般的に使用されるまでになっている．

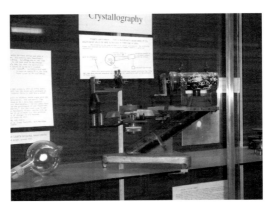

図1.5　Braggが使ったX線回折計（キャベンディッシュ研究所）

1.5 物質の構造と電子状態の研究手段

図1.6　Ramanが使った分光器（インド科学研究所）

　X線回折からは，化学結合の長さや角度など，固体における原子と原子の距離，分子と分子の相対的な配置を，数値として求めることができる．一方，赤外分光法やラマン分光法では，長さや角度を数値として求めることはできないが，固体の状態（結晶，アモルファス）や化学結合（結合次数，水素結合，官能基など）に関する情報を得ることができる．

　電子の状態は，電子状態の間の遷移に基づく紫外・可視・近赤外領域の吸収分光と発光分光（蛍光，リン光，フォトルミネッセンス）により知ることができる．特に，発光は限られた物質からしか観測されないが，吸収はすべての物質で観測可能であり，バンドギャップなどの知見を得ることができる．また，**光電子分光法**（photoelectron spectroscopy）により，物質のイオン化エネルギーを求めることもできる．イオン化エネルギーも重要な物性値の一つである．

❖演習問題

1.1 静止している電子に 1.00 kV の電位差をかけて加速したときの，電子の波長を求めなさい．

［ヒント］電位差 V で加速された電子の運動エネルギーは，eV である．

1.2 真空中の波長が 633 nm である光について光子 1 mol のエネルギーを計算しなさい．

1.3 e^{ax} が演算子 $\dfrac{d}{dx}$ の固有関数であることを示しなさい．また，固有値も求めなさい．

1.4 $e^{i\boldsymbol{a}\cdot\boldsymbol{r}}$ は ∇ の固有関数であることを示し，固有値を求めなさい．

1.5 波束の例として，次のような余弦関数の重ね合わせを，$N = 2$，5，20 に関して計算して，図示しなさい．

$$\psi(x) = \frac{1}{N} \sum_{k=1}^{N} \cos(k\pi x)$$

第2章　結晶の構造：実格子と逆格子

　電子デバイスの核をなす無機化合物からなる半導体は，多くの場合，結晶状態をとっている．第3章，第4章では金属や結晶中の電子の挙動について解説するが，本章ではその基礎として，結晶の構造について説明する．また，電子の状態を考察する際に便利な逆格子という概念や，結晶の構造を知るためのX線回折についても学ぶ．

2.1　結晶構造と格子

　結晶は原子，分子，イオンが空間的に限りなく繰り返された構造をしているが，実際の結晶には表面が存在するため，この空間的な繰り返しはどこかで終了する．しかし，物理化学的に結晶の状態を考える際には，これらが空間的に限りなく繰り返されていて表面がない理想的な結晶を考える．理想的な結晶では，結晶全体をある長さだけ，ある方向にずらすと元の結晶と完全に重なるという長さ・方向がある．この性質のことを結晶の周期性あるいは並進対称性などという．繰り返される元の構造には，アルゴンのような単原子分子からタンパク質のような巨大で複雑な分子の場合まである．繰り返される元の構造を**単位構造**（basis）とよぶ．

　単位構造を1点で代表させてこの繰り返し構造を表現すると，点が周期的に並んだ図形が得られる．この点を**格子点**（lattice point）とよび，格子点の集合全体を**格子**（lattice）とよぶ．なお，格子点の位置に必ずしも原子が存在する必要はない．単位構造のどの位置に格子点をとっても，その格子点からなる格子は結晶がもつ周期性を表現することができる．このように，格子を考えると，単位構造と関係なく結晶の特徴を考察することができる．図2.1にNaCl結晶を例として，格子と単位構造から結晶が構成されることを概念的に示した．単位構造はNa^+とCl^-の対であり，図のようにCl^-イオン上に格子点をとり，格子のすべての格子点の上にCl^-イオンがのるように単位構造を配置していく

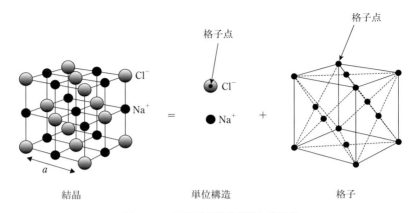

図2.1　NaCl結晶の単位構造と格子点

と，結晶ができあがる．

　格子は，**単位胞**（unit cell）または**単位格子**とよばれる基本的な単位を空間的に繰り返して敷き詰めることで形成されると考えることもできる．通常，結晶は3次元の構造をもつが，まずは理解しやすいように2次元の格子を用いて単位格子について説明する．**図2.2**に示したように，等しい間隔aで並べられ，直交する直線の交点に格子点があるとする．図中に示したように，格子点を直線で結んで図形I，II，IIIをつくると，いずれの図形を用いてもこの2次元平面を敷き詰めることが可能であることがわかる．例えば，Iは辺の長さがaの正方形で，この正方形で平面を敷き詰めることができる．IIは長さaと$b=\sqrt{2}a$の2辺が45°をなしている平行四辺形であり，この図形でも平面を敷き詰めることができる．IIIは1辺の長さが$2a$の正方形である．このようにI，II，IIIはいずれも単位胞となる．この例のように，単位胞のとり方は何種類も存在する．単位胞のとり方は多数存在するが，どのような格子をとったか，その定義がはっきりしていればよい．通常は，格子点の列や面を明確に指定できるように，わかりやすい単位胞を選ぶ．

　また，格子点を1個だけ含む単位胞を**基本単位胞**（primitive unit cell）とよぶ．上の例では，IとIIは基本単位胞であるが，IIIは基本単位胞ではない．基本単位胞の一つに，**ウィグナー・サイツセル**（Wigner-Seitz cell）とよばれるものがある．**図2.3**にその例を示した．ウィグナー・サイツセルの作り方は次のとおりである．

2.1 結晶構造と格子

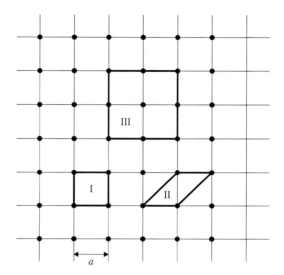

図2.2 2次元正方形格子における単位胞

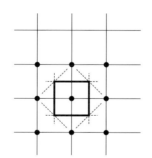

図2.3 ウィグナー・サイツセル

①ある格子点と隣り合うすべての格子点を結ぶ線分を引く．
②その線分の垂直二等分線を引く（3次元の場合は平面）．
こうしてできた直線（平面）で囲まれた最小の面積（体積）をもつ図形がウィグナー・サイツセルである．図2.3に示したウィグナー・サイツセルは，図2.1の単位胞Iと同じである．通常は，格子点を結んだ図形で単位胞を表す．

3次元の結晶格子では，**図2.4**に示すような3つのベクトルa, b, cを結晶軸として張られる平行六面体は単位胞となる．単位胞における軸の長さa, b,

17

c と軸間の角度 α, β, γ は**格子定数**（lattice constant）とよばれる．また，1 個の格子点を含む単位胞が基本単位胞である．格子点の並び方は無限にあるわけではなく，限られた数しかない．結晶は対称性に応じて 7 種類の結晶系に分類され，さらに格子の型の組み合わせで 14 種類の**ブラベー格子**（Bravais lattice）に分類される．結晶系とブラベー格子を**表2.1**にまとめた．各ブラベー格子は格子定数すなわち軸の長さ a, b, c と結晶軸間の角度 α, β, γ で特徴付けられる．また，ブラベー格子を**図2.5**に示した．ここでは詳しくは触れないが，対称性から，結晶は 230 種類の空間群に分類される．X線回折による単結晶の構造決定や電子・振動状態の詳細な解析では，空間群を知ることが必要となる．

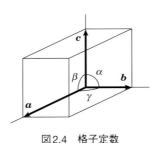

図2.4　格子定数

表2.1　結晶系とブラベー格子

結晶系	格子定数	ブラベー格子
三斜晶（triclinic）	なし	単純（P）
単斜晶（monoclinic）	$\alpha=\gamma=90°$	単純（P），底心（C）
斜方晶（orthorhombic）	$\alpha=\beta=\gamma=90°$	単純（P），面心（F），体心（I），底心（C）
正方晶（tetragonal）	$a=b$ $\alpha=\beta=\gamma=90°$	単純（P），体心（I）
三方晶[a]（trigonal）	$a=b=c$ $\alpha=\beta=\gamma<120°, \neq 90°$	単純（R）[a]
六方晶（hexagonal）	$a=b$ $\alpha=\beta=90°, \gamma=120°$	単純（P）
立方晶（cubic）	$a=b=c$ $\alpha=\beta=\gamma=90°$	単純（P），面心（F），体心（I）

[a] 三方晶系の場合，単純格子を特にR（菱面体格子）で表す．

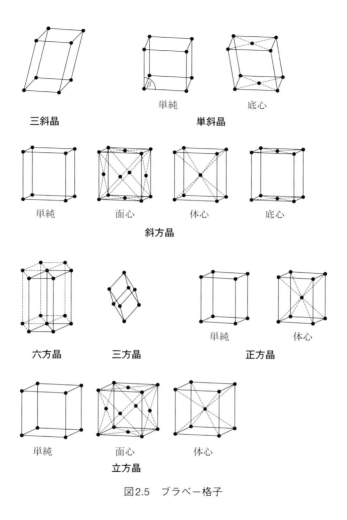

図2.5　ブラベー格子

　立方晶系では，ベクトル a, b, c の長さは等しく，軸間の角度はすべて90°である．立方晶系には3種類のブラベー格子が存在する．単位胞の頂点にのみ格子点がある構造を**単純単位胞**（primitive unit cell），単純単位胞の面の中央に格子点がある構造を**面心単位胞**（face-centered unit cell），単純単位胞の中心に格子点のある構造を**体心単位胞**（body-centered unit cell）とよぶ．

　NaClの結晶は，立方晶系のうちの面心単位胞からなる格子，つまり面心立方格子をとる．図2.5に示した単位胞は，基本単位胞ではない．**図2.6**に示し

たように，xyz 空間の原点にある格子点から面心の位置にある格子点を結ぶベクトル $\boldsymbol{a}$, $\boldsymbol{b}$, $\boldsymbol{c}$ がつくる平行六面体は，基本単位胞である．$\boldsymbol{a}$, $\boldsymbol{b}$, $\boldsymbol{c}$ は x, y, z 軸方向の単位ベクトル $\hat{\boldsymbol{x}}$, $\hat{\boldsymbol{y}}$, $\hat{\boldsymbol{z}}$ を用いて次のように表される．

$$\boldsymbol{a}=\frac{a}{2}(\hat{\boldsymbol{y}}+\hat{\boldsymbol{z}}), \quad \boldsymbol{b}=\frac{a}{2}(\hat{\boldsymbol{x}}+\hat{\boldsymbol{z}}), \quad \boldsymbol{c}=\frac{a}{2}(\hat{\boldsymbol{x}}+\hat{\boldsymbol{y}}) \tag{2.1}$$

体心立方格子の単位胞を**図2.7**に示した．1辺の長さが a の立方体には2個の格子点が存在し，基本単位胞ではない．次の式で表されるベクトル $\boldsymbol{a}$, $\boldsymbol{b}$, $\boldsymbol{c}$（図2.7参照）がつくる平行六面体は基本単位胞である．

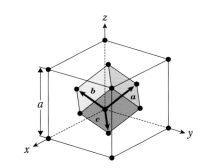

図2.6　面心立方格子の単位胞と基本単位胞

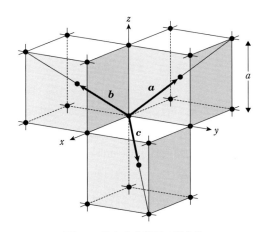

図2.7　体心立方格子の単位胞

$$\boldsymbol{a} = \frac{a}{2}(-\hat{\boldsymbol{x}}+\hat{\boldsymbol{y}}+\hat{\boldsymbol{z}}), \quad \boldsymbol{b} = \frac{a}{2}(\hat{\boldsymbol{x}}-\hat{\boldsymbol{y}}+\hat{\boldsymbol{z}}), \quad \boldsymbol{c} = \frac{a}{2}(\hat{\boldsymbol{x}}+\hat{\boldsymbol{y}}-\hat{\boldsymbol{z}}) \qquad (2.2)$$

イオン結晶では，NaClの他にKCl，KBrなどの結晶が面心立方格子をとる．CsCl結晶は単純立方格子をとる．また，金属ではAu，Ag，Al，Cu，Ca，Arなどは面心立方格子であり，Fe，Mn，Mo，Li，Na，K，Baなどは体心立方格子である．

結晶の密度は，格子点の数から求められる重量と単位胞の体積から計算することができる．ベクトル$\boldsymbol{a}$，$\boldsymbol{b}$，$\boldsymbol{c}$で表される単位胞の体積Vは，次の式で表される．

$$V = |\boldsymbol{a}\cdot(\boldsymbol{b}\times\boldsymbol{c})| \qquad (2.3)$$

ここで，・は内積で，×は外積である．

例題2.1 NaCl結晶の面心立方格子に関して，図2.6に示したベクトル（式(2.1)）で表される基本単位胞の体積を式(2.3)を用いて計算して，図2.1で示した単位胞の体積a^3と比較しなさい．

［解答例］
$$\boldsymbol{b}\times\boldsymbol{c} = \left[\frac{a}{2}(\hat{\boldsymbol{x}}+\hat{\boldsymbol{z}})\right]\times\left[\frac{a}{2}(\hat{\boldsymbol{x}}+\hat{\boldsymbol{y}})\right] = \frac{a^2}{4}(\hat{\boldsymbol{x}}\times\hat{\boldsymbol{x}}+\hat{\boldsymbol{z}}\times\hat{\boldsymbol{x}}+\hat{\boldsymbol{x}}\times\hat{\boldsymbol{y}}+\hat{\boldsymbol{z}}\times\hat{\boldsymbol{y}})$$
$$= \frac{a^2}{4}(\hat{\boldsymbol{y}}+\hat{\boldsymbol{z}}-\hat{\boldsymbol{x}})$$

ここで，以下の関係を用いた．
$$\hat{\boldsymbol{x}}\times\hat{\boldsymbol{y}} = \hat{\boldsymbol{z}}, \quad \hat{\boldsymbol{y}}\times\hat{\boldsymbol{z}} = \hat{\boldsymbol{x}}, \quad \hat{\boldsymbol{z}}\times\hat{\boldsymbol{x}} = \hat{\boldsymbol{y}}$$

よって，Vは
$$\boldsymbol{a}\cdot(\boldsymbol{b}\times\boldsymbol{c}) = \left[\frac{a}{2}(\hat{\boldsymbol{y}}+\hat{\boldsymbol{z}})\right]\cdot\left[\frac{a^2}{4}(\hat{\boldsymbol{y}}+\hat{\boldsymbol{z}}-\hat{\boldsymbol{x}})\right]$$
$$= \frac{a^3}{8}(\hat{\boldsymbol{y}}\cdot\hat{\boldsymbol{y}}+\hat{\boldsymbol{y}}\cdot\hat{\boldsymbol{z}}-\hat{\boldsymbol{y}}\cdot\hat{\boldsymbol{x}}+\hat{\boldsymbol{z}}\cdot\hat{\boldsymbol{y}}+\hat{\boldsymbol{z}}\cdot\hat{\boldsymbol{z}}-\hat{\boldsymbol{z}}\cdot\hat{\boldsymbol{x}}) = \frac{a^3}{4}$$

となる．図2.1の単位胞の体積の4分の1である．

●コラム 2.1　　ベクトルの内積と外積

（1）ベクトル $\boldsymbol{A}$ と $\boldsymbol{B}$ の内積：$\boldsymbol{A}\cdot\boldsymbol{B}$

内積はスカラーであり，次式で与えられる．

$$\boldsymbol{A}\cdot\boldsymbol{B} = AB\cos\theta$$

ただし，$A=|\boldsymbol{A}|$，$B=|\boldsymbol{B}|$，θ はベクトル $\boldsymbol{A}$ と $\boldsymbol{B}$ のなす角度（小さい方）である．ベクトルの成分で内積を表すと次式となる．

$$\boldsymbol{A} = \begin{pmatrix} A_x \\ A_y \\ A_z \end{pmatrix}, \quad \boldsymbol{B} = \begin{pmatrix} B_x \\ B_y \\ B_z \end{pmatrix}, \quad \boldsymbol{A}\cdot\boldsymbol{B} = A_x B_x + A_y B_y + A_z B_z$$

（2）ベクトル $\boldsymbol{A}$ と $\boldsymbol{B}$ の外積：$\boldsymbol{A}\times\boldsymbol{B}$

外積はベクトルであり，大きさは $|\boldsymbol{A}\times\boldsymbol{B}|=AB\sin\theta$，すなわち，$\boldsymbol{A}$ と $\boldsymbol{B}$ を2辺とする平行四辺形の面積であり，方向は**右図**に示したように，ベクトル $\boldsymbol{A}$ と $\boldsymbol{B}$ を含む面上で $\boldsymbol{A}$ から $\boldsymbol{B}$ の方へ右ネジを回転させるときに右ネジが進む方向である．このとき回転角 θ は小さい方をとる．ベクトルの成分で外積を表すと次式となる．

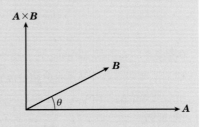

$$\boldsymbol{A} = \begin{pmatrix} A_x \\ A_y \\ A_z \end{pmatrix}, \quad \boldsymbol{B} = \begin{pmatrix} B_x \\ B_y \\ B_z \end{pmatrix}, \quad \boldsymbol{A}\times\boldsymbol{B} = \begin{pmatrix} A_y B_z - A_z B_y \\ A_z B_x - A_x B_z \\ A_x B_y - A_y B_x \end{pmatrix}$$

（3）ベクトル $\boldsymbol{A}$，$\boldsymbol{B}$，$\boldsymbol{C}$ のスカラー三重積

スカラー三重積は次式で表される．

$$\boldsymbol{A}\cdot(\boldsymbol{B}\times\boldsymbol{C}) = \boldsymbol{B}\cdot(\boldsymbol{C}\times\boldsymbol{A}) = \boldsymbol{C}\cdot(\boldsymbol{A}\times\boldsymbol{B}) \equiv [ABC]$$

ベクトル $\boldsymbol{A}$，$\boldsymbol{B}$，$\boldsymbol{C}$ を循環的に変えても同じである．$[ABC]$ という表記はグラスマンの記号とよばれる．$[ABC]$ はベクトル $\boldsymbol{A}$，$\boldsymbol{B}$，$\boldsymbol{C}$ により張られる平行六面体の体積となる．

基本単位胞を表すのに用いられるベクトル a, b, c に関して，格子点との関係を考えてみよう．結晶では一般に，ある格子点を基準としてその他のすべての格子点を，次式で表される並進ベクトル（translation vector）T で定めることができる．

$$T = n_1 a + n_2 b + n_3 c \tag{2.4}$$

ここで，n_1, n_2, n_3 は整数である．このとき，ベクトル a, b, c を**基本並進ベクトル**（primitive translation vector）とよぶ．面心立方格子では，式(2.1)で表される a, b, c が基本並進ベクトルであり，体心立方格子では，式(2.2)で表される a, b, c が基本並進ベクトルである．

例題2.2 図2.6に示した面心立方格子の単位胞に関して，式(2.1)で表される基本並進ベクトル a, b, c を用いて，単位胞の格子点を表しなさい．

[解答例]

格子定数を単位とした座標を**部分座標**（fractional coordinates）という．格子点は通常，部分座標で示される．

(1, 0, 0) : $b + c - a$

(0, 1, 0) : $c + a - b$

(0, 0, 1) : $a + b - c$

(1, 1, 0) : $2c$

(1, 0, 1) : $2b$

(0, 1, 1) : $2a$

(1, 1, 1) : $a + b + c$

結晶のX線回折では，結晶の格子点が構成する結晶面が重要な役割を果たす．結晶面を表す指数を**ミラー指数**（Miller indices）とよぶ．ミラー指数の求め方は以下のとおりである．

（1）面が結晶軸を切り取る長さを，格子定数 a, b, c を単位として表す．
（2）これらの数の逆数を求めて，同じ比をなす3個の最小の整数にする．
（3）上の整数を括弧でくくって (hkl) とする．これがこの面のミラー指数である．
（4）切片が無限大のとき，ミラー指数は0である．また，面が結晶軸と原点に関して負の側で交わるとき，その指数は負となり，指数の上に負号をつけて $(\bar{h}kl)$ のように表す．ミラー指数は1つの面を表すことも，それに平行な面の集合を表すこともある．

図2.8に示した**単純斜方格子**（primitive orthorhombic lattice）（$a \neq b \neq c$，$\alpha=\beta=\gamma=90°$）に関して，結晶面を考えよう．この結晶面は，x 軸と $2a$ の位置で交わっている．交点の座標を格子定数 a を単位として表すと，2となる．また，この平面は，y 軸とは b すなわち1で，z 軸とは c すなわち1で交わっている．この交点の座標をまとめて，(211)と書く．これらの数の逆数をとると $(\frac{1}{2}11)$ となり，括弧内の数が整数となるように2倍すると(122)となる．これがこの

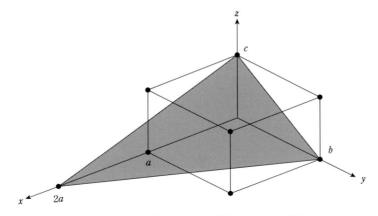

図2.8　単位斜方格子における結晶面とミラー指数

結晶面のミラー指数である.

結晶面には，ミラー指数は異なるが，物理的には同じ面が存在する．このような等価な結晶面は，{ } の記号で表す．例えば，単純立方格子では，(100)，(010)，(001)，($\bar{1}$00)面などは等価であり，{100}と表記する．

例題2.3 格子定数が a, b, c の単純斜方格子のいくつかの結晶面を，以下に示した．これらの結晶面のミラー指数を求めなさい．

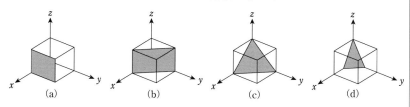

[解答例]
(a) (100) (b) (110) (c) (111) (d) (221)

2.2　格子エネルギー

　物質はそれぞれ固有な結晶構造をとるが，それを決めるのは，クーロン力，双極子・双極子相互作用，交換斥力などのイオンや分子の間に働く力，すなわち，ポテンシャルエネルギーである．ここでは，1つの例としてイオン結晶のポテンシャルエネルギーについて考察する．イオン結晶はエネルギーの点から見ると非常に安定な状態であるが，外からエネルギーを与えることで構成要素であるイオンに分けてばらばらにすることもできる．このために必要なエネルギーを**格子エネルギー**（lattice energy）とよぶ．格子エネルギーの起源は，正電荷をもつ正イオンと負電荷をもつ陰イオンの間に働くクーロン引力，すなわち，ポテンシャルエネルギーである．

　まず，簡単な例として，1価の正イオン（電荷$+q$）と1価の負イオン（電荷$-q$）が直線上に交互に配列する仮想的な1次元イオン結晶（**図2.9**）の格子エネルギーを計算してみよう．真空中で，距離r離れた電荷q_1とq_2との間に働くクーロン引力のポテンシャルエネルギーV_{12}は，次式で表される．

$$V_{12} = \frac{1}{4\pi\varepsilon_0}\frac{q_1 q_2}{r} \tag{2.5}$$

ここで，ε_0は真空の誘電率である．クーロン引力のポテンシャルエネルギーについては足し算ができるので，図中のイオンAと，他の正・負イオンのすべての組み合わせに関してポテンシャルエネルギーを足し合わせると，

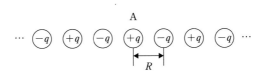

図2.9　1次元イオン結晶

$$U = \frac{2}{4\pi\varepsilon_0}\left(-\frac{q^2}{R} + \frac{q^2}{2R} - \frac{q^2}{3R} + \frac{q^2}{4R} - \cdots\right)$$
$$= -2\frac{q^2}{4\pi\varepsilon_0 R}\left(1 - \frac{1}{2} + \frac{1}{3} - \frac{1}{4} + \cdots\right) \quad (2.6)$$
$$= -2\frac{q^2}{4\pi\varepsilon_0 R}\ln 2$$

となる.この式変形においては

$$\ln(1+x) = x - \frac{1}{2}x^2 + \frac{1}{3}x^3 - \frac{1}{4}x^4 + \cdots$$

を用いた.結晶内に正・負イオンが全部で$2N$個あるとき,イオン結晶全体のポテンシャルエネルギー,すなわち,格子エネルギーは

$$U_{\text{total}} = -2\ln 2 \frac{q^2}{4\pi\varepsilon_0 R} \times 2N \times \frac{1}{2} = -2\ln 2 \frac{Nq^2}{4\pi\varepsilon_0 R} \quad (2.7)$$

となる.このエネルギーは負であり,引力に相当する.

　実際の結晶の場合には3次元となるため難しいが,一般に電荷$z_1 e$と$z_2 e$をもつイオンの結晶の場合には,格子エネルギーU_{total}は,以下の式で与えられる.

$$U_{\text{total}} = -A\frac{|z_1 z_2|Ne^2}{4\pi\varepsilon_0 R} \quad (2.8)$$

ここで,比例定数Aは正イオンと負イオンの配列で決まる正の定数で,**マーデルング定数**(Madelung constant)とよばれている.例えば,NaClでは$z_1 = +1$,$z_2 = -1$で,$A = 1.748$であり,CsClでは$z_1 = +1$,$z_2 = -1$で,$A = 1.763$である.ルチル型の酸化チタン(TiO_2)では$z_1 = +4$, $z_2 = -2$で,$A = 2.408$である.

2.3 逆格子

これまで述べてきた実空間上の結晶格子を実格子という．実格子に対して逆格子という概念を導入すると，結晶の構造や振動状態，電子状態のエネルギーを考察する際にたいへん便利である．結晶格子の並進ベクトルを a, b, c としたとき，逆格子の並進ベクトルは次式のように定義される．

$$a^* = 2\pi \frac{b \times c}{a \cdot (b \times c)}, \quad b^* = 2\pi \frac{c \times a}{a \cdot (b \times c)}, \quad c^* = 2\pi \frac{a \times b}{a \cdot (b \times c)} \quad (2.9)$$

コラム2.1で述べたように，$a \cdot (b \times c)$ はベクトル a, b, c がつくる平行六面体の体積である．もし a, b, c が実格子の基本並進ベクトルならば，a^*, b^*, c^* は逆格子の基本並進ベクトルである．

a, b, c と a^*, b^*, c^* の間には次の関係が成り立つ（これを正規直交関係という）．

$$\begin{array}{lll} a^* \cdot a = 2\pi & a^* \cdot b = 0 & a^* \cdot c = 0 \\ b^* \cdot a = 0 & b^* \cdot b = 2\pi & b^* \cdot c = 0 \\ c^* \cdot a = 0 & c^* \cdot b = 0 & c^* \cdot c = 2\pi \end{array} \quad (2.10)$$

いま，逆格子の基本並進ベクトルから，整数 υ_1, υ_2, υ_3 を用いてつくられるベクトル

$$G_{\upsilon_1 \upsilon_2 \upsilon_3} = \upsilon_1 a^* + \upsilon_2 b^* + \upsilon_3 c^* \quad (2.11)$$

を考える．このベクトルは**逆格子ベクトル**（reciprocal lattice vector）とよばれる．ベクトル $G_{\upsilon_1 \upsilon_2 \upsilon_3}$ で定められる点を**逆格子点**（reciprocal lattice points）とよび，逆格子点の集合を**逆格子**（reciprocal lattice）とよぶ．すべての結晶には互いに相関のある実格子と逆格子を定義することができる．逆格子ベクトルは，長さの逆数の次元をもつ．実格子空間の座標軸は長さ x, y, z であるが，逆格子空間の座標軸は波数 k_x, k_y, k_z である．

例題 2.4　式(2.1)で表される面心立方格子の基本並進ベクトルの逆格子ベクトルを求めなさい．

[解答例]

例題2.1において，$\boldsymbol{a}\cdot(\boldsymbol{b}\times\boldsymbol{c})=a^3/4$ を求めた．この関係を使って，

$$\boldsymbol{a}^* = 2\pi \frac{\boldsymbol{b}\times\boldsymbol{c}}{\boldsymbol{a}\cdot(\boldsymbol{b}\times\boldsymbol{c})} = 2\pi \frac{4}{a^3}\left\{\left[\frac{a}{2}(\hat{\boldsymbol{x}}+\hat{\boldsymbol{z}})\right]\times\left[\frac{a}{2}(\hat{\boldsymbol{x}}+\hat{\boldsymbol{y}})\right]\right\}$$

$$= \frac{2\pi}{a}(\hat{\boldsymbol{x}}\times\hat{\boldsymbol{x}}+\hat{\boldsymbol{z}}\times\hat{\boldsymbol{x}}+\hat{\boldsymbol{x}}\times\hat{\boldsymbol{y}}+\hat{\boldsymbol{z}}\times\hat{\boldsymbol{y}})$$

$$= \frac{2\pi}{a}(\hat{\boldsymbol{y}}+\hat{\boldsymbol{z}}-\hat{\boldsymbol{x}})$$

同様にして

$$\boldsymbol{b}^* = \frac{2\pi}{a}(\hat{\boldsymbol{z}}+\hat{\boldsymbol{x}}-\hat{\boldsymbol{y}}), \quad \boldsymbol{c}^* = \frac{2\pi}{a}(\hat{\boldsymbol{x}}+\hat{\boldsymbol{y}}-\hat{\boldsymbol{z}})$$

例題 2.5　式(2.2)で表される体心立方格子の基本並進ベクトルの逆格子ベクトルを求めなさい．

[解答例]

$$\boldsymbol{a}^* = \frac{2\pi}{a}(\hat{\boldsymbol{y}}+\hat{\boldsymbol{z}}), \quad \boldsymbol{b}^* = \frac{2\pi}{a}(\hat{\boldsymbol{z}}+\hat{\boldsymbol{x}}), \quad \boldsymbol{c}^* = \frac{2\pi}{a}(\hat{\boldsymbol{x}}+\hat{\boldsymbol{y}})$$

実格子の並進ベクトル $\boldsymbol{T}$ と逆格子の並進ベクトル $\boldsymbol{G}$ の間には，

$$e^{i\boldsymbol{G}\cdot\boldsymbol{T}} = 1 \tag{2.12}$$

の関係が成り立つ．また，実格子の結晶面と逆格子ベクトルに関しては，次の2つの重要な定理が成り立つ．

定理 1　$\boldsymbol{G}_{hkl} = h\boldsymbol{a}^* + k\boldsymbol{b}^* + l\boldsymbol{c}^*$ はミラー指数が(hkl)の結晶面に対して垂直である．

定理 2　ミラー指数(hkl)の結晶面の面間隔d_{hkl}は，次の式で与えられる．

$$d_{hkl} = \frac{2\pi}{|\boldsymbol{G}_{hkl}|} \tag{2.13}$$

逆格子に関しても，実格子と同様に単位胞を考えることができ，逆格子のウィグナー・サイツセルは**第1ブリュアン帯域**（first Brillouin zone）とよばれる．これは結晶の電子のエネルギーを考える際に重要な概念となる．

例題 2.6 格子点の間隔が a の1次元格子の第1ブリュアン帯域を示しなさい．

［解答例］
1次元格子であるから，逆格子も1次元である．式(2.10)によると，$\boldsymbol{a}^* \cdot \boldsymbol{a} = 2\pi$ であるから，$|\boldsymbol{a}^*| = 2\pi/a$ である．逆格子点の1つに注目してこれを原点にとると，第1ブリュアン帯域は，隣り合う逆格子点と結んだ線分の垂直二等分線で囲まれた領域であるから，波数 k の範囲は $-\pi/a \leq k \leq \pi/a$ である．

例題 2.7 単純斜方格子（図2.8）の逆格子の並進ベクトルを求めて，第1ブリュアン帯域を示しなさい．

［解答例］
単純斜方格子の基本並進ベクトルは次のようにおくことができる．

$$\boldsymbol{a} = a\hat{\boldsymbol{x}}, \quad \boldsymbol{b} = b\hat{\boldsymbol{y}}, \quad \boldsymbol{c} = c\hat{\boldsymbol{z}} \tag{2.14}$$

逆格子の基本並進ベクトルは次のように表される．

$$\begin{aligned}
\boldsymbol{a}^* &= 2\pi \frac{\boldsymbol{b} \times \boldsymbol{c}}{\boldsymbol{a} \cdot (\boldsymbol{b} \times \boldsymbol{c})} = 2\pi \frac{bc\hat{\boldsymbol{x}}}{abc} = \frac{2\pi}{a} \hat{\boldsymbol{x}} \\
\boldsymbol{b}^* &= 2\pi \frac{\boldsymbol{c} \times \boldsymbol{a}}{\boldsymbol{a} \cdot (\boldsymbol{b} \times \boldsymbol{c})} = 2\pi \frac{ca\hat{\boldsymbol{y}}}{abc} = \frac{2\pi}{b} \hat{\boldsymbol{y}} \\
\boldsymbol{c}^* &= 2\pi \frac{\boldsymbol{a} \times \boldsymbol{b}}{\boldsymbol{a} \cdot (\boldsymbol{b} \times \boldsymbol{c})} = 2\pi \frac{ab\hat{\boldsymbol{z}}}{abc} = \frac{2\pi}{c} \hat{\boldsymbol{z}}
\end{aligned} \tag{2.15}$$

よって，第1ブリュアン帯域は，

$$-\frac{\pi}{a} \leq k_x \leq \frac{\pi}{a}, \quad -\frac{\pi}{b} \leq k_y \leq \frac{\pi}{b}, \quad -\frac{\pi}{c} \leq k_z \leq \frac{\pi}{c}$$

である．

2.4　X線回折と固体構造

　結晶の構造はX線回折測定により明らかにすることができる．X線回折測定は機器分析法のなかでも重要な測定法と位置付けられている．複雑な構造をもつタンパク質でさえも，単結晶の精密なX線結晶構造解析から原子の位置を決めることができる．

　1895年にドイツの物理学者Wilhelm C. RöntgenはX線を発見し，この功績により1901年に第1回のノーベル物理学賞を受賞した．その後，Max Theodor F. von Laueが1914年に「結晶によるX線回折現象の発見」により，William Henry BraggとWilliam Lawrence Bragg親子が1915年に「X線による結晶構造解析に関する研究」によりノーベル物理学賞を受賞した．X線回折現象に関連して，2年連続でノーベル物理学賞が授与されていることになる．そのような研究が発展し，現代の科学で用いられるような分析法として確立された．

　金属（例えばCu）に高いエネルギーの電子をぶつけると幅広い連続X線に折り重なる形で，それ以外にも波長幅の狭いX線が放射される．X線回折測定では，このX線を光源として測定を行う．光源としては，一般的に，CuのK$_\alpha$線（L殻からK殻へ遷移する際の特性X線；波長0.15418 nm）が使われる．

　X線は電磁波の一種であり，図2.10に示したように，電場と磁場（磁束密度）の横波として表すことができる．具体的には，X線の電場を$\boldsymbol{E}$とすると

$$\boldsymbol{E}(\boldsymbol{r},t) = \boldsymbol{E}_0 \cos(\boldsymbol{k}\cdot\boldsymbol{r} - \omega t + \phi) = \boldsymbol{E}_0 \cos(k_x x + k_y y + k_z z - \omega t + \phi) \quad (2.16)$$

と表される．ここで，$\boldsymbol{E}_0$は電場の振幅，$\boldsymbol{k}$は波数ベクトル，ωは角振動数，ϕ

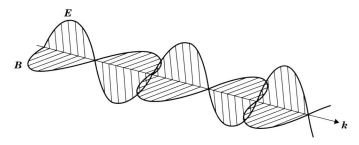

図2.10　X線の電場$\boldsymbol{E}$と磁場（磁束密度）$\boldsymbol{B}$および波数ベクトル$\boldsymbol{k}$

は初期位相である．波数ベクトルとは波を記述する物理量の一つであり，方向は平面波の進行方向，大きさ k は

$$k = |\boldsymbol{k}| = \sqrt{k_x^2 + k_y^2 + k_z^2} = \frac{2\pi}{\lambda} \tag{2.17}$$

である．言い換えると，電磁波が単位長さ進んだときの位相の変化を表している．

図2.11に示したように，面間隔が d である結晶面に対して，波長 λ のX線を**視射角**（glancing angle；結晶面となす角）θ で入射し，回折X線を観測すると，次に示す**ブラッグの法則**（Bragg's law）を満たす場合に，強い回折が観測される．

$$2d\sin\theta = n\lambda \quad (n = 1, 2, 3, \cdots) \tag{2.18}$$

ブラッグの法則は容易に導くことができる．図2.11に示した2つのX線光束の行路差は，

$$\overline{AB} + \overline{BC} = 2d\sin\theta$$

となる．行路差がX線の波長の整数倍である場合には，回折したX線の位相が合致し，強め合う干渉を起こす．実際には，10^3 個以上の結晶面からの回折X線が干渉に関与している．

X線回折測定では，視斜角 θ を変化させて回折X線の強度を測定する．ブラッグの法則を満足するときに，回折ピークが観測される．通常，$n=1$ となる回折線の強度は強いが，$n \geq 2$ の回折線の強度は弱く，無視できることが多い．

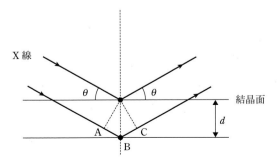

図2.11　結晶によるX線の回折

ピークが観測されたときの視射角θの値から，ブラッグの法則を用いて，結晶面の間隔を求めることができる．

図2.12(a)に示すように，粉末試料に単色X線を照射すると，リング状の回折X線が観測される．粉末試料中にはさまざまな面方位をもった微結晶がたくさん含まれている．結晶面からの回折X線は，**図2.12**(b)に示すように入射X線の方向と角度2θ（θはブラッグの法則を満たす角度）をなす円錐の母線に沿って進む．したがって，図2.12(a)に示したフィルム上には同心円として記録される．この同心円は**デバイ・シェラー環**（Debye-Scherrer ring）とよばれる．

現在では，フィルムの代わりに，計数管で回折X線強度を測定する自動回折計が使用されている．**図2.13**に示したように，平板状に成形した粉末試料を円の中心に立てておき，自動で計数管が角度2θ回転したときに試料も同時に角度θ回転するようにして，回折X線の強度を2θの関数として計測している．

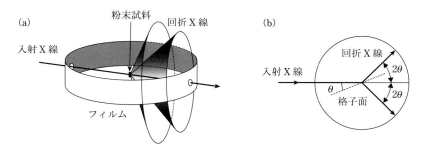

図2.12　デバイ・シェラー粉末法
(b)は(a)を上から見た図

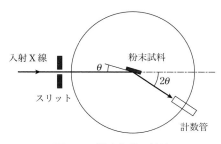

図2.13　粉末自動回折計

例題2.8 真空蒸着法により有機半導体であるペンタセンの薄膜を基板の上に作製し，CuのK$_\alpha$線（0.15418 nm）を光源として，基板に対する視射角を変えて回折X線の強度を測定したところ，下図に示す回折パターンが得られ，ピークの2θは5.75°であった．ペンタセンは基板に垂直な方向に層をつくっているとして，層の間隔を計算しなさい．

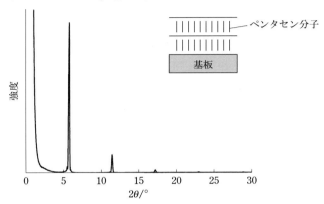

図　ペンタセン薄膜のX線回折パターン

[解答例]

$$d = \frac{\lambda}{2\sin\theta} = \frac{0.15418 \text{ nm}}{2\sin(5.75°/2)} = 1.536\cdots \text{ nm} \approx 1.54 \text{ nm}$$

実は見方を変えると，X線回折では上で学んだ逆格子を測定していることにもなる．X線回折に関しては，以下に示す**ラウエ条件**（Laue conditions）とよばれる定理が成り立つ．

ラウエ条件

入射X線と回折X線の波数ベクトルの差が，逆格子ベクトル$\boldsymbol{G}$に等しいときに回折ピークが観測される．入射X線と回折X線の波数ベクトルをそれぞれ$\boldsymbol{k}$と$\boldsymbol{k}'$とすると，これらの波数ベクトルは次の条件を満たさなければならない．

$$\Delta \boldsymbol{k} = \boldsymbol{k}' - \boldsymbol{k} = \boldsymbol{G} \tag{2.19}$$

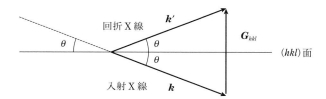

図2.14　X線回折におけるX線の波数ベクトルと逆格子ベクトルの関係

　X線回折では，入射X線と回折X線の波長は同じであるから，**図2.14**からわかるように，$2k\sin\theta$ が $G(=|\boldsymbol{G}|)$ と等しくなる．$k=2\pi/\lambda$ であるので，$G=2k\sin\theta=(4\pi/\lambda)\sin\theta$ となる．一方，式(2.13)から G は $2\pi/d$ である．この2つの関係から，$2d\sin\theta=\lambda$ が得られ，これは $n=1$ のときのブラッグの法則と同じである．すなわち，ブラッグの法則と式(2.19)は等価であり，X線回折では，入射X線の波数ベクトル $\boldsymbol{k}$ と回折X線の波数ベクトル $\boldsymbol{k}'$ から $\boldsymbol{G}$，すなわち逆格子ベクトルを測定することになる．

　結晶面の間隔は，式(2.13)に基づいて結晶の格子定数から求めることができる．例えば，立方格子でミラー指数が (hkl) の面間隔 d_{hkl} は，次のようにして求めることができる．すなわち，格子定数を a とすると，

$$\boldsymbol{a}^* = \frac{2\pi}{a}\hat{\boldsymbol{x}}, \quad \boldsymbol{b}^* = \frac{2\pi}{a}\hat{\boldsymbol{y}}, \quad \boldsymbol{c}^* = \frac{2\pi}{a}\hat{\boldsymbol{z}}$$

であるから，逆格子ベクトル $\boldsymbol{G}_{hkl}$ は

$$\boldsymbol{G}_{hkl} = \frac{2\pi h}{a}\hat{\boldsymbol{x}} + \frac{2\pi k}{a}\hat{\boldsymbol{y}} + \frac{2\pi l}{a}\hat{\boldsymbol{z}}$$

と表すことができて，式(2.13)から

$$d_{hkl} = \frac{2\pi}{|\boldsymbol{G}_{hkl}|} = \frac{2\pi}{\sqrt{\left(\frac{2\pi h}{a}\right)^2 + \left(\frac{2\pi k}{a}\right)^2 + \left(\frac{2\pi l}{a}\right)^2}} = \frac{a}{\sqrt{h^2+k^2+l^2}} \quad (2.20)$$

が得られる．斜方格子では，格子定数を a, b, c とすると

$$\frac{1}{d_{hkl}^2} = \frac{h^2}{a^2} + \frac{k^2}{b^2} + \frac{l^2}{c^2} \quad (2.21)$$

となる．したがって，観測された回折ピークのミラー指数がわかると，回折ピークの視射角から面間隔を求めることができ，また上の式から格子定数を決める

ことができる．式(2.21)は複雑な幾何学的考察から導くこともできるが，逆格子を考えると，式(2.13)から，容易に導くことができる．

次に，回折X線の強度について考えてみよう．回折X線は原子に含まれる電子による散乱により生じるので，回折強度は原子の電子数に依存し，電子が多いほど回折強度が強くなる．そこで，回折（散乱）の強さを，次式で表される原子やイオンの**散乱因子**（scattering factor）fで表す．

$$f = 4\pi \int_0^\infty \rho(r) \frac{\sin(kr)}{kr} r^2 dr, \quad k = \frac{4\pi}{\lambda} \sin\theta \tag{2.22}$$

単位胞がいくつかの原子を含み，そのうちの1つの原子jの散乱因子がf_jで座標（位置ベクトル）が$r_j = (x_j a, y_j b, z_j c)$であるとすると，ミラー指数が$(hkl)$の結晶面からの回折強度$I(hkl)$は，

$$\begin{aligned} I(hkl) &\propto |F(hkl)|^2 \\ F(hkl) &= \sum_j f_j \exp[i(G_{hkl} \cdot r_j)] = \sum_j f_j \exp[2\pi i(hx_j + ky_j + lz_j)] \end{aligned} \tag{2.23}$$

で表される．iは虚数単位である．式(2.23)では，単位胞のすべての原子jについての和をとっている．$F(hkl)$を**構造因子**（structure factor）とよぶ．X線回折の強度は，構造因子の二乗に比例する．$G_{hkl} \cdot r_j = 2\pi(hx_j + ky_j + lz_j)$は，ミラー指数$(hkl)$の面からの回折における，部分座標$(x_j, y_j, z_j)$にある原子からの回折X線の位相を表している．1つの単位胞にいくつかの原子が存在する場合，そ

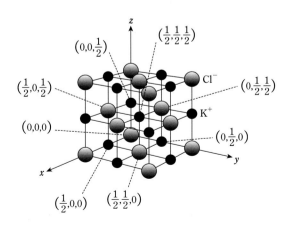

図2.15 構造因子を計算するためのイオンの位置

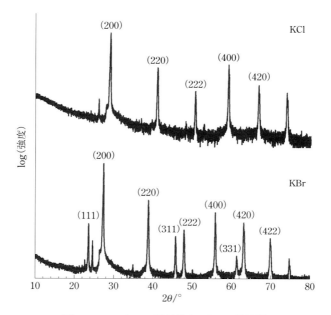

図2.16　KClとKBr結晶粉末からのX線回折

れらの原子からの回折X線の干渉は回折強度に影響を及ぼす．例えば，**図2.15**に示したような面心立方格子の(100)面からの回折に関して考える．単位胞の原点に存在する原子Aからの位相はゼロ，部分座標（1, 0, 0）にある原子Aからの位相は2πであり，回折X線は強め合う．一方，部分座標（$\frac{1}{2}$, $\frac{1}{2}$, 0）にある原子Aからの位相はπであり，回折X線は弱め合う．

　先述した結晶の粉末試料のX線回折測定の場合には，フィルム上にリング状の強い回折X線が観測されたが，視斜角を変えてX線強度を計測すると，**図2.16**に示したようなグラフを得ることができる．観測された回折ピークに対して，次のようにミラー指数を対応させる．

　単純立方格子では，1次（$n=1$）の回折線を考えると，式(2.18)と(2.20)から

$$\sin\theta = \sqrt{h^2 + k^2 + l^2}\,\frac{\lambda}{2a} \tag{2.24}$$

となる．この式のh, k, lに数値を代入することによって，それぞれの回折ピークに対応するミラー指数を予測できるが，**表2.2**に示したように$h^2+k^2+l^2$の値

表2.2　単純立方格子のミラー指数と$h^2+k^2+l^2$

(hkl)	(100)	(110)	(111)	(200)	(210)	(211)	(220)	(300)	(221)
$h^2+k^2+l^2$	1	2	3	4	5	6	8	9	9

として7はないことがわかる．7は，3個の整数の二乗の和ではないからである．同様に，15や23も現れない．

面心立方格子では，単純立方格子の格子点の他に，面心の位置にも原子があり，それらの原子の影響で，回折パターンに系統的な欠落が起こる．この欠落は**消滅則**（extinction rule）とよばれる法則に従う．

面心立方格子であるKCl結晶の消滅則を知るには，構造因子$F(hkl)$を計算すればよい．図2.15に示した単位胞には，4個の格子点，すなわち4組のKClが含まれるので，K^+とCl^-の散乱因子をそれぞれf_Aとf_Bとして，次に示す座標に位置するK^+とCl^-イオンについて構造因子を計算する．

K^+イオン：$\left(\dfrac{1}{2},\dfrac{1}{2},\dfrac{1}{2}\right)$, $\left(\dfrac{1}{2},0,0\right)$, $\left(0,\dfrac{1}{2},0\right)$, $\left(0,0,\dfrac{1}{2}\right)$

Cl^-イオン：$(0,0,0)$, $\left(0,\dfrac{1}{2},\dfrac{1}{2}\right)$, $\left(\dfrac{1}{2},0,\dfrac{1}{2}\right)$, $\left(\dfrac{1}{2},\dfrac{1}{2},0\right)$

構造因子は，

$$\begin{aligned}F(hkl) &= f_A\left[e^{2\pi i\left(\frac{h}{2}+\frac{k}{2}+\frac{l}{2}\right)} + e^{2\pi i\frac{h}{2}} + e^{2\pi i\frac{k}{2}} + e^{2\pi i\frac{l}{2}}\right] \\ &\quad + f_B\left[e^{2\pi i\times 0} + e^{2\pi i\left(\frac{k}{2}+\frac{l}{2}\right)} + e^{2\pi i\left(\frac{h}{2}+\frac{l}{2}\right)} + e^{2\pi i\left(\frac{h}{2}+\frac{k}{2}\right)}\right] \\ &= f_A\left[e^{\pi i(h+k+l)} + e^{\pi i h} + e^{\pi i k} + e^{\pi i l}\right] \\ &\quad + f_B\left[1 + e^{\pi i(k+l)} + e^{\pi i(h+l)} + e^{\pi i(h+k)}\right] \\ &= f_A\left[(-1)^{h+k+l} + (-1)^h + (-1)^k + (-1)^l\right] \\ &\quad + f_B\left[1 + (-1)^{k+l} + (-1)^{h+l} + (-1)^{h+k}\right]\end{aligned}$$

となる．最後の行では，オイラーの式$e^{i\theta}=\cos\theta+i\sin\theta$において，$\theta$が$\pi$の偶数倍と奇数倍のときにそれぞれ$+1$と$-1$をとることを考慮した．したがって，以下の関係が導かれる．

（1）hklがすべて奇数の場合，　$F(hkl)=4(f_B-f_A)$

（2）hkl がすべて偶数の場合，$F(hkl) = 4(f_B + f_A)$
（3）hkl が奇数と偶数の混在の場合，$F(hkl) = 0$

この(3)が，面心立方格子の消滅則である．

この計算は，立方体の角にあるイオンに 1/8，辺にあるイオンに 1/4，面心にあるイオンに 1/2 をかけて，単位格子中のすべてのイオンについて計算しても同じ結果を得ることができる．

実際，図 2.16 の X 線回折パターンをみると，hkl すべてが奇数か偶数の場合に回折ピークが観測されている．先述のように，X 線回折の強度は構造因子の二乗に比例するが，一般にすべてが偶数の回折ピークの強度は，すべてが奇数のものよりも強い．この結果は，すべてが偶数のときは構造因子が f_A と f_B の和であり，すべてが奇数のときは f_A と f_B の差になっていることから説明できる．

KCl と KBr の回折パターンを比較すると，KCl では hkl がすべて奇数の回折線の強度が弱くなっている．これは K^+ と Cl^- の電子数が等しく，原子散乱因子がほとんど等しいので，f_B と f_A の差がほとんどゼロになるからである．

○ コラム 2.2　　オイラーの式

複素平面上に描いた半径 1 の円の円周上に点 P をとる．原点 O と点 P を結んだ直線と x 軸のなす角度を θ とする．オイラーの式

$$e^{i\theta} = \cos\theta + i\sin\theta$$

の実部は点 P の x 成分（実数成分）であり，虚部は y 軸成分（虚数成分）である．$\theta = (2n+1)\pi$ を代入すると $e^{(2n+1)\pi i} = -1$，$\theta = 2n\pi$ を代入すると $e^{2n\pi i} = +1$ である．

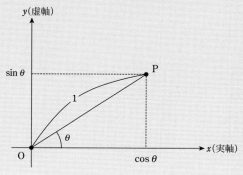

❖ 演習問題

2.1 図2.5で示されている面心立方格子と体心立方格子の単位胞に含まれる格子点の数を答えなさい．

2.2 体心立方格子の基本並進ベクトル（式(2.2)）がつくる基本単位胞の体積を求め，その中に存在する格子点は1個であることを確認しなさい．

2.3 体心立方格子の基本並進ベクトル（式(2.2)）を用いて，逆格子ベクトルを求めなさい．

2.4 斜方格子において，ミラー指数(hkl)の面間隔を表す式(2.21)を導きなさい．

2.5 $G_{hkl} = h\boldsymbol{a}^* + k\boldsymbol{b}^* + l\boldsymbol{c}^*$ はミラー指数が(hkl)の結晶面に垂直であることを示しなさい．

2.6 面心立方格子をもつ結晶粉末のX線回折（波長0.1542 nm）を測定したところ，最小の角度θは21.1°であった．格子定数を求めなさい．

2.7 体心立方格子の消滅則を導きなさい．

第3章　金属の自由電子

　金属では，各金属原子の最外殻にある電子が原子核による束縛から離れて，固体の中を陽イオンの周期的ポテンシャルの影響をほとんど受けずに，「自由な電子」として動くことができ，電気伝導に寄与する．本章では，このような自由な電子の状態を簡単な量子論により取り扱う．

3.1　1次元の自由電子

　量子論では，電子の位置やエネルギー，運動量に関する情報は**波動関数**（wavefunction）$\psi(x, y, z)$に含まれている．波動関数が

$$\int \psi^* \psi \, \mathrm{d}x\mathrm{d}y\mathrm{d}z = \int |\psi|^2 \mathrm{d}x\mathrm{d}y\mathrm{d}z = 1 \tag{3.1}$$

を満たすとき，波動関数は規格化されているといい，$\psi^*\psi = |\psi|^2$は電子の存在確率を表す．電子のエネルギーは，シュレーディンガー方程式を解くことにより得られる．シュレーディンガー方程式は量子論の根底となる仮定であり，それから求まるエネルギーが実験と一致することから，理論の正しさは証明されている．

　まず，水素原子における電子のエネルギーを求めることを考えてみよう．シュレーディンガー方程式は

$$-\frac{\hbar^2}{2m}\left(\frac{\partial^2}{\partial x^2} + \frac{\partial^2}{\partial y^2} + \frac{\partial^2}{\partial z^2}\right)\psi(x, y, z) - \frac{\mathrm{e}^2}{4\pi\varepsilon_0 r}\psi(x, y, z) = E\psi(x, y, z) \tag{3.2}$$

と表すことができる．ここで，$\hbar = h/2\pi$で，hはプランク定数，mは電子の質量，Eは電子のエネルギーである．左辺の第1項の波動関数にかかっている項は運動エネルギーを表す演算子，第2項の波動関数にかかっている項は原子核と電子の間に働くクーロン引力の**ポテンシャルエネルギー**（potential energy）を表す演算子である．一般には，ハミルトン演算子またはハミルトニアン$\hat{H}$を用いて（　$\hat{}$　は演算子であることを意味する記号），シュレーディンガー方程式は次

のように表される．

$$\hat{H}\psi = E\psi \tag{3.3}$$

$$\hat{H} \equiv -\frac{\hbar^2}{2m}\left(\frac{\partial^2}{\partial x^2}+\frac{\partial^2}{\partial y^2}+\frac{\partial^2}{\partial z^2}\right)-\frac{e^2}{4\pi\varepsilon_0 r} \tag{3.4}$$

式(3.3)のような形をした方程式は固有値方程式といわれる．シュレーディンガー方程式という固有値方程式を解くと，**固有値**（eigenvalue）E，**固有関数**（eigenfunction）ψを求めることができる．ここで固有関数は波動関数であるが，一般には，波動関数は固有関数でない場合もある．

実際の物質で自由電子モデルがよく成り立つものに，アルカリ金属がある．ここでは，図3.1(a)に示すようなNa原子が直線上に等間隔で並ぶ仮想的な1次元構造（1次元格子）を考える．Na原子の電子配置は$1s^2 2s^2 2p^6 3s^1$である．この1次元構造は，N個のNa$^+$イオン（$1s^2 2s^2 2p^6$）の格子と自由に動くことができるN個の電子から構成されているとする．イオンと電子の質量を比べると電子の方が圧倒的に軽いので，重いイオンは静止しているとして電子の運動を考えてよい．このような近似を**断熱近似**（adiabatic approximation）とよぶ．

N個の電子の集団のシュレーディンガー方程式は，

$$\hat{H}\psi = \left[-\frac{\hbar^2}{2m}\left(\sum_{i=1}^{N}\frac{\mathrm{d}^2}{\mathrm{d}x_i^2}\right)+V_{\mathrm{ee}}+V_{\mathrm{eN}}\right]\psi = E\psi \tag{3.5}$$

と書くことができる．ここで，V_{ee}は電子間のポテンシャルエネルギーを表す演算子，V_{eN}は電子と陽イオンの間のポテンシャルエネルギーを表す演算子である．

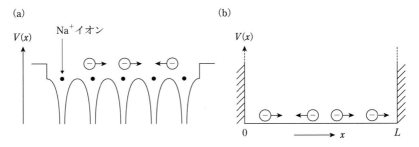

図3.1　(a) 1次元格子のポテンシャルエネルギー$V(x)$の模式図と(b) 井戸型ポテンシャルモデル

3.1 1次元の自由電子

問題を簡単にするために，電子が陽イオンの1次元格子から受けるポテンシャルエネルギー $V(x)$ は平均的な一定の場（図3.1(b)）であると仮定して，電子の状態を考察する．すなわち，シュレーディンガー方程式が

$$\hat{H}\psi = \left[-\frac{\hbar^2}{2m}\left(\sum_{i=1}^{N}\frac{d^2}{dx_i^2}\right) + \sum_{i=1}^{N} V_i\right]\psi = \sum_{i=1}^{N}\left(-\frac{\hbar^2}{2m}\frac{d^2}{dx_i^2} + V_i\right)\psi$$
$$= \left(\sum_{i=1}^{N}\hat{H}_i\right)\psi \tag{3.6}$$

と表されるとする．この仮定により，全系（N個の電子の集合）のハミルトニアンが各電子のハミルトニアンの和で表されることになるので，全系のシュレーディンガー方程式は，個々の電子に関するN個の同じ形のシュレーディンガー方程式

$$\hat{H}_i\varphi_i = \left(-\frac{\hbar^2}{2m}\frac{d^2}{dx_i^2} + V_i\right)\varphi_i = \varepsilon_i\varphi_i \quad (i = 1, 2, \cdots, N) \tag{3.7}$$

に帰着でき，全電子の固有関数ψとエネルギーEはそれぞれ以下のように表される．

$$\psi = \prod_{i=1}^{N}\varphi_i \tag{3.8}$$

$$E = \sum_{i=1}^{N}\varepsilon_i \tag{3.9}$$

ただし，φ_iはある1つの電子の波動関数で，ε_iはその電子のエネルギーである．ここでは，軌道（オービタル）という言葉を1電子系に対するシュレーディンガー方程式の解を表示するために使用して，ε_iを軌道エネルギーとよぶ．なお，このような近似を**1電子近似**（one-electron approximation）とよぶ．固体では，電子の数はアボガドロ数個あるとして，1電子近似をして1個の電子の問題を解くことにより，全体の電子についての問題を解くことになる．

例題3.1 電子が2個である系に関して，全系のハミルトニアンが各電子のハミルトニアンの和 $\hat{H} = \hat{H}_1 + \hat{H}_2$ として表される場合，固有関数はそれぞれの電子の固有関数の積，エネルギーはそれぞれの電子のエネルギーの和で表されることを示しなさい．

[解答例]

　固有関数を電子1と電子2の関数の積とおく．すなわち，$\psi = \varphi(1)\varphi(2)$ とする．シュレーディンガー方程式（$\hat{H}\psi = E\psi$）は次のようになる．

$$\hat{H}\psi = (\hat{H}_1 + \hat{H}_2)\varphi(1)\varphi(2) = E\varphi(1)\varphi(2)$$

第2辺は，演算子を作用させて次のように変形することができる．

$$\varphi(2)[\hat{H}_1\varphi(1)] + \varphi(1)[\hat{H}_2\varphi(2)] = E\varphi(1)\varphi(2)$$

ここで，両辺を $\varphi(1)\varphi(2)$ で割ると

$$\frac{\hat{H}_1\varphi(1)}{\varphi(1)} + \frac{\hat{H}_2\varphi(2)}{\varphi(2)} = E$$

となる．左辺は電子1と2の項に分かれているので，右辺も電子1と2のエネルギーに分けて $E = E_1 + E_2$ とおくと，

$$\frac{\hat{H}_1\varphi(1)}{\varphi(1)} + \frac{\hat{H}_2\varphi(2)}{\varphi(2)} = E = E_1 + E_2$$

となり，電子1と2の項をそれぞれ等しいとおくことができる．

$$\frac{\hat{H}_1\varphi(1)}{\varphi(1)} = E_1, \quad \frac{\hat{H}_2\varphi(2)}{\varphi(2)} = E_2$$

すなわち，

$$\hat{H}_1\varphi(1) = E_1\varphi(1), \quad \hat{H}_2\varphi(2) = E_2\varphi(2)$$

となる．

　以下では，式(3.7)で表される1電子に関するシュレーディンガー方程式を解く．まず，ポテンシャルエネルギーについては，基準点すなわちゼロの位置を適当に選ぶことができるので，$V_i = 0$ とする．これにより式(3.7)は

$$-\frac{\hbar^2}{2m}\frac{d^2\varphi}{dx^2} = \varepsilon\varphi \tag{3.10}$$

となる．

　固有関数が満たす境界条件のもとで，このシュレーディンガー方程式を解いてみよう．1次元のNa格子では，図3.1(b)に示したように，$x = 0$ と $x = L$ の間

のみに原子がつくる陽イオン格子と電子が存在すると考える．すなわち，

$$\varphi(0) = \varphi(L) = 0 \tag{3.11}$$

が成り立つとする．このような仮定を**境界条件**（boundary condition）とよぶ．これは，量子化学において，シュレーディンガー方程式が最初に適用される箱の中の粒子の問題である．境界条件（式(3.11)）のもとに，微分方程式(3.10)の解を求めると，軌道エネルギー ε_n と固有関数 $\varphi_n(x)$ は，それぞれ

$$\varepsilon_n = \frac{\hbar^2}{2m}k^2 = \frac{\hbar^2}{2m}\left(\frac{n\pi}{L}\right)^2 \quad (n = 1, 2, 3, \cdots) \tag{3.12}$$

$$\varphi_n(x) = \sqrt{\frac{2}{L}}\sin(kx) = \sqrt{\frac{2}{L}}\sin\left(\frac{n\pi}{L}x\right) \quad (0 \leq x \leq L) \tag{3.13}$$

ただし，

$$k = \frac{n\pi}{L} \quad (n = 1, 2, 3, \cdots) \tag{3.14}$$

と得られる．n は正の整数で，**量子数**（quantum number）とよばれる．k は波数である．

例題3.2 式(3.11)で表される境界条件のもとに，微分方程式(3.10)のエネルギー固有値と固有関数を求めなさい．

［解答例］
式(3.10)の一般解は，次のように表される．

$$\varphi(x) = Ae^{ikx} + Be^{-ikx} = C\sin(kx) + D\cos(kx), \quad \varepsilon = \frac{\hbar^2 k^2}{2m}$$

境界条件 $\varphi(0) = 0$ から，$D = 0$ でなければならない．また，$\varphi(L) = 0$ から，$\sin(kL) = 0$ となるように kL を選ぶ必要があり，$k = n\pi/L$（n は整数）でなければならない．n に関しては，$n = 0$ の場合には波動関数がゼロとなるので除外し，また n が負の値のときは，単に波動関数の符号が変わるだけであり，物理的に新しいことがないので除外すると，式(3.14)が示される．また，式(3.1)で示したように，固有関数を規格化する，すなわち固有関数の二乗を全空間にわたって積分したものを1とおくと，次式のように C を決めることができる．

$$\int_0^L \varphi^2(x)\,\mathrm{d}x = C^2 \int_0^L \sin^2\left(\frac{n\pi x}{L}\right)\mathrm{d}x = C^2 \times \frac{L}{2} = 1, \quad C = \sqrt{\frac{2}{L}}$$

よって，固有関数は式(3.13)となることがわかる．固有値は，$k = n\pi/L$をεの式に代入すると，式(3.12)で表されることが確認できる．

電子のエネルギーは，量子数nで決まる離散的な値を示す．**図3.2**に，$n=1, 2, 3$の場合について，軌道エネルギーε_nと固有関数$\varphi_n(x)$を示した．固有関数がゼロになる点を**節**（node）とよぶ．$\varphi_1, \varphi_2, \varphi_3$の節の数はそれぞれ0, 1, 2であり，量子数が1大きくなると節の数は1個多くなる．ここで考えている金属のモデルでは，Lは金属の大きさであるから，例えば，Lをcmのオーダーと考えると，格子定数aと比べて非常に大きいので，kの間隔は狭くなる．つまり，エネルギーは離散的ではあるものの，ほとんど連続とみなすことができる．

1個の電子の軌道エネルギーと固有関数がわかったので，以下では全系（N電子系）のエネルギーを考察する．シュテルン・ゲルラッハの実験や原子の発光スペクトルの微細構造の観測から，電子は**スピン**（spin）をもつことが明らかにされた．電子スピンには，αスピンとβスピンの2つの状態しかない．αスピンとβスピンはスピン磁気量子数m_sによって指定され，$m_s = \frac{1}{2}$がαスピン，$m_s = -\frac{1}{2}$がβスピンである．電子スピンについては第10章で詳しく説明する．多電子系では，**パウリの排他原理**（Pauli exclusion principle）により，3個以上の電子が1つの軌道を占めることはできず，また，もし電子2個が1つの軌道を占める場合，スピンはαスピンとβスピンになる．言い方を換えると，2個以上の電子がすべての量子数（いまの場合は，nとm_s）について同じ値をとることはできない．いま考えている系では，電子の状態を規定する量子数はnとm_sの2つであるから，上で求めたnで決まる軌道エネルギー準位には，最大でαスピンとβスピンの2個の電子が入ることができる．全系の電子のエネルギーは，個々の電子の軌道エネルギーの和であるから，全系の基底状態（エネルギーの和が最低の状態）となる電子の配置を求めるには，軌道エネルギーが低い準位から2個ずつ電子を詰めていけばよい．ただし，これは熱励起がない絶対零度での電子配置である．全電子数Nが偶数である場合，電子が占める最大の量子数nをn_Fとすると，$2n_F = N$である．例えば，$N = 6$の場合，**表3.1**に示したように，基底状態の電子の配置を決めることができる．

3.1 1次元の自由電子

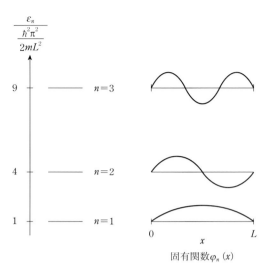

図3.2 軌道エネルギー ε_n と固有関数 $\varphi_n(x)$

表3.1 $N=6$ 電子系の電子配置

軌道エネルギー	n	k	電子スピン
$\dfrac{\hbar^2}{2m}\left(\dfrac{\pi}{L}\right)^2 \times 1$	1	$\dfrac{\pi}{L}$	α
$\dfrac{\hbar^2}{2m}\left(\dfrac{\pi}{L}\right)^2 \times 1$	1	$\dfrac{\pi}{L}$	β
$\dfrac{\hbar^2}{2m}\left(\dfrac{\pi}{L}\right)^2 \times 4$	2	$\dfrac{2\pi}{L}$	α
$\dfrac{\hbar^2}{2m}\left(\dfrac{\pi}{L}\right)^2 \times 4$	2	$\dfrac{2\pi}{L}$	β
$\dfrac{\hbar^2}{2m}\left(\dfrac{\pi}{L}\right)^2 \times 9$	3	$\dfrac{3\pi}{L}$	α
$\dfrac{\hbar^2}{2m}\left(\dfrac{\pi}{L}\right)^2 \times 9$	3	$\dfrac{3\pi}{L}$	β

次に，固有関数が満たす境界条件を**周期的境界条件**（periodic boundary condition）として，この条件のもとでシュレーディンガー方程式を解いてみよう．結晶の電子状態を記述するには，この周期的境界条件が用いられる．**図3.3**に示したように，格子定数をaとし，Na^+イオンを始点1としてN番目のイオンの次には最初の1番目のイオンがつながっている，つまり$L=Na$進むと始点に戻るとする．すなわち，

$$\varphi(x+L) = \varphi(x) \tag{3.15}$$

が成り立つと仮定する．これが周期的境界条件である．

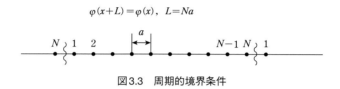

図3.3　周期的境界条件

● コラム 3.1　　進行波と定在波

$e^{ikx} = e^{i\frac{2\pi x}{L}}$ を時間を含む式で表すと $e^{i(kx-\omega t)}$ となり，実部は $\cos(kx-\omega t)$ である．これは，**図(a)**に示したように，x軸の正方向に進む進行波である．また，$\sin(kx) = \sin\left(\frac{\pi x}{L}\right)$ を時間を含む式で表すと $\sin(kx) \cdot e^{-i\omega t}$ となり，実部は $\sin(kx)\cos(\omega t)$ である．**図(b)**に示したように，この関数の時間変化は，$x=0, L$ で常にゼロであり，腹の部分の大きさのみが変化する定在波である．

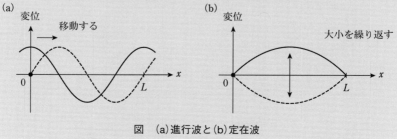

図　(a)進行波と(b)定在波

シュレーディンガー方程式(3.10)において，周期的境界条件を満たす固有関数は，次の**進行波**（traveling wave）で表される．

$$\varphi(x) = \frac{1}{\sqrt{L}} e^{ikx} \tag{3.16}$$

ここで，kは波数である．式(3.16)を境界条件の式(3.15)に代入すると，

$$e^{ik(x+L)} = e^{ikx}, \quad e^{ikL} = 1 \tag{3.17}$$

となり，この式は，波数kが

$$k = \frac{2\pi n}{L} = \frac{2\pi n}{aN} \qquad (n = 0, \pm 1, \pm 2, \cdots) \tag{3.18}$$

の場合に成り立つ．

軌道エネルギーε_kは

$$\varepsilon_k = \frac{\hbar^2}{2m} k^2 = \frac{\hbar^2}{2m} \left(\frac{2\pi n}{L} \right)^2 \tag{3.19}$$

となる．軌道エネルギーε_kは，波数kで指定される．ε_kとkの関係（ε_k–k曲線）を**図3.4**に示した．ε_kとkは離散値であるが，実際には，Lは非常に大きな値な

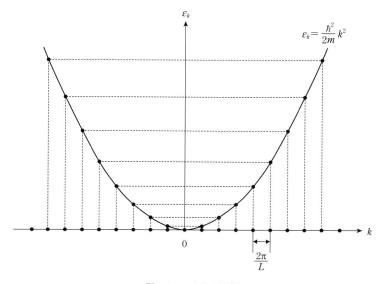

図3.4　ε_kとkの関係

第3章 金属の自由電子

ので，ε_k と k の値はほぼ連続である．

分子では，電子のエネルギーは量子数 n で指定されるが，結晶では，量子数 n と式(3.18)で関係づけられる波数 k で指定される．結晶では，軌道エネルギーばかりでなく，格子の基準振動の振動数なども波数で表すことができ，波数をもとにして，電子の移動や遷移などの現象を考察することができる．進行波と波数の概念は，第4章以降で頻繁に現れる．

例題3.3 波動関数 $\varphi^{\pm}(x) = \dfrac{1}{\sqrt{L}} e^{\pm ikx}$ は，運動量の固有関数であることを示しなさい．ただし，運動量 p を演算子 $\hat{p} = -i\hbar \dfrac{d}{dx}$ で表現する．

[解答例]

$\hat{p}\varphi^{\pm} = -i\hbar \times (\pm ik)\varphi^{\pm} = \pm \hbar k \varphi^{\pm}$ である．したがって，$\varphi^{\pm}$ は運動量の固有関数で，固有値は $\pm \hbar k$ である．この波動関数は x 軸の正と負の方向に動く粒子を表している．

例題3.4 波動関数 $\varphi(x) = \sqrt{\dfrac{2}{L}} \sin(kx)$ は，運動量の固有関数であるか．

[解答例]

$\varphi(x) = \dfrac{1}{2i}\sqrt{\dfrac{2}{L}}(e^{+ikx} - e^{-ikx})$ であるから，

$$\hat{p}\varphi = -i\hbar \dfrac{d}{dx}\left[\dfrac{1}{2i}\sqrt{\dfrac{2}{L}}(e^{+ikx} - e^{-ikx})\right] = -i\hbar k \dfrac{1}{2}\sqrt{\dfrac{2}{L}}(e^{+ikx} + e^{-ikx})$$

$$= -i\hbar k \sqrt{\dfrac{2}{L}} \cos(kx)$$

となり，運動量の固有関数ではない．

3.2 3次元の自由電子

前節で述べた1次元の自由電子を3次元の自由電子に拡張する．全系のシュレーディンガー方程式は，

$$\left\{\sum_{i=1}^{N}\left[-\frac{\hbar^2}{2m}\left(\frac{\partial^2}{\partial x_i^2}+\frac{\partial^2}{\partial y_i^2}+\frac{\partial^2}{\partial z_i^2}\right)\right]+V_{\mathrm{ee}}+V_{\mathrm{eN}}\right\}\psi(\boldsymbol{r})=E\psi(\boldsymbol{r}) \quad (3.20)$$

と書き表すことができる．ここで，$\boldsymbol{r}$ はすべての電子の座標を表し，V_{ee} は電子間のポテンシャルエネルギー，V_{eN} は電子と陽イオン間のポテンシャルエネルギーである．1次元の場合と同様に，ポテンシャルエネルギーの項を各電子の平均的な場として1電子近似すると

$$\sum_{i=1}^{N}\left[-\frac{\hbar^2}{2m}\left(\frac{\partial^2}{\partial x_i^2}+\frac{\partial^2}{\partial y_i^2}+\frac{\partial^2}{\partial z_i^2}\right)+V_i\right]\psi(\boldsymbol{r})=E\psi(\boldsymbol{r}) \quad (3.21)$$

を得る．また，1次元の場合と同様に，1つの電子の固有関数を $\varphi_i(x,y,z)$，軌道エネルギーを ε_i とすると，式(3.21)は各電子に対する N 個の同じ形のシュレーディンガー方程式

$$\left[-\frac{\hbar^2}{2m}\left(\frac{\partial^2}{\partial x_i^2}+\frac{\partial^2}{\partial y_i^2}+\frac{\partial^2}{\partial z_i^2}\right)+V_i\right]\varphi_i(x_i,y_i,z_i)=\varepsilon_i\varphi_i(x_i,y_i,z_i) \quad (3.22)$$

に帰着され，ψ と E は

$$\psi=\prod_{i=1}^{N}\varphi_i \quad (3.23)$$

$$E=\sum_{i=1}^{N}\varepsilon_i \quad (3.24)$$

と表される．

式(3.22)のシュレーディンガー方程式を解く際に，1次元の自由電子の場合と同様に $V_i=0$ としても一般性を失わないので，

$$-\frac{\hbar^2}{2m}\left(\frac{\partial^2}{\partial x_i^2}+\frac{\partial^2}{\partial y_i^2}+\frac{\partial^2}{\partial z_i^2}\right)\varphi_i(x_i,y_i,z_i)=\varepsilon_i\varphi_i(x_i,y_i,z_i) \quad (3.25)$$

とする．以降 i を省く．周期的境界条件を仮定すると

$$\begin{aligned}\varphi(x,y,z)&=\varphi(x+L,y,z)\\ \varphi(x,y,z)&=\varphi(x,y+L,z)\\ \varphi(x,y,z)&=\varphi(x,y,z+L)\end{aligned} \quad (3.26)$$

である．この周期的境界条件を満たす固有関数は，

$$\varphi(x, y, z) = \frac{1}{\sqrt{V}} e^{i(k_x x + k_y y + k_z z)} \tag{3.27}$$

である．Vは1辺の長さがLの立方体の体積で，k_x, k_y, k_zは

$$k_x = \frac{2\pi n_x}{L}, \; k_y = \frac{2\pi n_y}{L}, \; k_z = \frac{2\pi n_z}{L} \quad (n_x, n_y, n_z = 0, \pm 1, \pm 2, \cdots) \tag{3.28}$$

である．$\boldsymbol{k} = (k_x, k_y, k_z)$は，波数ベクトルである．

軌道エネルギーは，

$$\varepsilon_k = \frac{\hbar^2}{2m} k^2 = \frac{\hbar^2}{2m}(k_x^2 + k_y^2 + k_z^2) = \frac{\hbar^2}{2m}\left(\frac{2\pi}{L}\right)^2 (n_x^2 + n_y^2 + n_z^2) \tag{3.29}$$

である．

例題3.5 シュレーディンガー方程式(3.25)について，式(3.27)が解であることを示しなさい．

[解答例]

$$-\frac{\hbar^2}{2m}\left(\frac{\partial^2}{\partial x^2} + \frac{\partial^2}{\partial y^2} + \frac{\partial^2}{\partial z^2}\right)\varphi = -\frac{\hbar^2}{2m}\left[(ik_x)^2 \varphi + (ik_y)^2 \varphi + (ik_z)^2 \varphi\right]$$

$$= \frac{\hbar^2}{2m}(k_x^2 + k_y^2 + k_z^2)\varphi = \frac{\hbar^2}{2m} k^2 \varphi = \varepsilon \varphi$$

例題3.6 式(3.27)は，運動量の固有関数であることを示しなさい．ただし，運動量の演算子は$\hat{\boldsymbol{p}} = -i\hbar \nabla$で表される．ここで，$\nabla = \left(\dfrac{\partial}{\partial x}, \dfrac{\partial}{\partial y}, \dfrac{\partial}{\partial z}\right)$である．

[解答例]

$\hat{\boldsymbol{p}} = -i\hbar \nabla$を$x, y, z$の各成分で表すと，

$$\hat{p}_x = -i\hbar \frac{\partial}{\partial x}, \quad \hat{p}_y = -i\hbar \frac{\partial}{\partial y}, \quad \hat{p}_z = -i\hbar \frac{\partial}{\partial z}$$

となる．式(3.27)のφに関して，$\hat{p}_x \varphi = -i\hbar \times (ik_x) \varphi = \hbar k_x \varphi$，$\hat{p}_y \varphi = \hbar k_y \varphi$，$\hat{p}_z \varphi = \hbar k_z \varphi$であるから，$\hat{\boldsymbol{p}}\varphi = -i\hbar \nabla \varphi = \hbar \boldsymbol{k} \varphi$である．したがって，式(3.27)の$\varphi$は運動量の固有関数で，固有値は$\hbar \boldsymbol{k}$である．

表3.2 軌道エネルギー ε と波数 k, 準位数, 状態数の関係

ε	$k=|\boldsymbol{k}|$	準位数	状態数
0	0	1	2
$\dfrac{\hbar^2}{2m}\left(\dfrac{2\pi}{L}\right)^2$	$\dfrac{2\pi}{L}$	6	12
$\dfrac{\hbar^2}{2m}\left(\dfrac{2\pi}{L}\right)^2 \times 2$	$\dfrac{2\pi}{L}\times\sqrt{2}$	8	16
$\dfrac{\hbar^2}{2m}\left(\dfrac{2\pi}{L}\right)^2 \times 3$	$\dfrac{2\pi}{L}\times\sqrt{3}$	8	16
$\dfrac{\hbar^2}{2m}\left(\dfrac{2\pi}{L}\right)^2 \times 4$	$\dfrac{2\pi}{L}\times 2$	6	12

軌道エネルギーが求められたので,次に全電子を各軌道に詰めていく.その際,パウリの排他原理から,1つの軌道エネルギー準位には,α スピン,β スピンの2個の電子が入りうる.例として,k が小さい場合について,軌道エネルギー,波数 k,準位数(準位の数が2以上の場合,縮重している),電子スピンを考慮した各軌道エネルギーに対応する状態数を**表3.2**に示した.

例題3.7 実際の金属塊の大きさを1 mm としよう.$L=1$ mm,$\hbar=1.05\times 10^{-34}$ J·s,電子の質量 $m=9.11\times 10^{-31}$ kg として,軌道エネルギーの間隔を計算しなさい.

[解答例]
$L=1\times 10^{-3}$ m であるので,

$$\Delta\varepsilon = \frac{\hbar^2}{2m}\left(\frac{2\pi}{L}\right)^2 = \frac{(1.05\times 10^{-34}\,\text{J·s})^2\times 4\pi^2}{2\times 9.11\times 10^{-31}\,\text{kg}\times(10^{-3}\,\text{m})^2}$$

$$= 2.38\cdots\times 10^{-31}\,\text{J} \approx 2.4\times 10^{-31}\,\text{J}$$

エネルギーは力と距離の積なので,J=kg·m^2·s^{-2} である.1 eV=1.602× 10^{-19} J であるから,$\Delta\varepsilon \approx 1.4\times 10^{-12}$ eV となり,非常に小さいことがわかる.

コラム 3.2　　エネルギーの単位，電子ボルト（electron volt）

1 eV は電気素量 e の電荷をもつ粒子が真空中で電位差 1 V の 2 点間で加速されるときに得るエネルギーである．次元を解析すると，V = J・C^{-1} = m^2・kg・s^{-3}・A^{-1} であるから，C・V = J，つまり，電荷と電圧をかけるとエネルギーとなる．エネルギーの単位の換算を次に示す．

$$1\,\text{eV} = 1.602 \times 10^{-19}\,\text{J} = 8066\,\text{cm}^{-1}$$

全電子数が N 個である系で，電子スピンを考慮して低い軌道エネルギーの準位から 2 個ずつ電子を詰めた基底状態（絶対温度 0 K に相当する）を考えて，このとき電子に占有されているもっとも高い軌道のエネルギーを**フェルミエネルギー**（Fermi energy）とよび，記号 E_F で表す．また，フェルミエネルギーを与える波数を**フェルミ波数**（Fermi wavenumber）とよび，記号 k_F で表す．この両者の間には，

$$E_\text{F} = \frac{\hbar^2}{2m} k_\text{F}^2 \tag{3.30}$$

が成り立つ．図 3.5 に示したような，波数ベクトル $\boldsymbol{k}$ の x, y, z 成分である k_x, k_y, k_z を座標軸とする空間を考える．これを $\boldsymbol{k}$ 空間（波数空間）という．k_x, k_y, k_z は式 (3.28) で与えられる間隔 $2\pi/L$ の離散した点となるが，L は大きいのでほぼ連続と考えてよい．(k_x, k_y, k_z) で表される 1 個の点に軌道エネルギー準位が 1 つ対応する．k が大きくなると，表 3.2 の方法に従って軌道エネルギーと状態数を数えることは困難である．しかし，次に示すうまい方法がある．

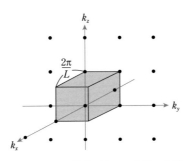

図 3.5　1 つの状態がもつ k 空間の体積

$\boldsymbol{k}$ 空間内において $\varepsilon = E_\mathrm{F}$ である等エネルギー面を**フェルミ面**（Fermi surface）とよぶ．電子によって占有されている状態と空の状態との境目がフェルミ面である．$k_\mathrm{F}^2 = k_x^2 + k_y^2 + k_z^2$ であるので，フェルミ面は球面である．球内部の点の軌道エネルギーは，すべてフェルミエネルギーよりも低い．$\boldsymbol{k}$ 空間では，$(2\pi/L)^3$ の体積に 1 つの点，すなわち 1 つの軌道エネルギー準位が対応するので，体積 $4\pi k_\mathrm{F}^3/3$ の球内にある状態の数は，

$$2\frac{4\pi k_\mathrm{F}^3/3}{(2\pi/L)^3} = \frac{V}{3\pi^2} k_\mathrm{F}^3 = N \tag{3.31}$$

である．ここでは，電子スピンも考慮して状態の数を数えているので，式の最初に 2 がついている．したがって，

$$k_\mathrm{F} = \left(\frac{3\pi^2 N}{V}\right)^{1/3} \tag{3.32}$$

となり，これを式(3.30)に代入すると，フェルミエネルギーは

$$E_\mathrm{F} = \frac{\hbar^2}{2m}\left(\frac{3\pi^2 N}{V}\right)^{2/3} \tag{3.33}$$

となる．いま考えたフェルミエネルギーとよばれる軌道エネルギーは，$n_x = n_y = n_z = 0$ の軌道エネルギーの位置をゼロとしたときの値であることに注意してほしい．

また，フェルミ面における電子の速度 v_F は**フェルミ速度**（Fermi velocity）とよばれ，

$$v_\mathrm{F} = \frac{\hbar k_\mathrm{F}}{m} = \frac{\hbar}{m}\left(\frac{3\pi^2 N}{V}\right)^{1/3} \tag{3.34}$$

と表される．また，次の式を満たす温度 T_F は**フェルミ温度**（Fermi temperature）とよばれる．

$$T_\mathrm{F} = \frac{E_\mathrm{F}}{k_\mathrm{B}} = \frac{\hbar^2}{2k_\mathrm{B} m}\left(\frac{3\pi^2 N}{V}\right)^{2/3} \tag{3.35}$$

k_B はボルツマン定数である．フェルミ温度は，金属中の自由電子のエネルギーを温度になおして認識するときに用いられる．式(3.32)〜(3.35)からわかるように，フェルミエネルギーとフェルミ波数，フェルミ速度，フェルミ温度は，電子密度 N/V で決まる．

例題3.8 Auの電子密度は5.90×10^{22} cm^{-3}である．フェルミエネルギーとフェルミ波数，フェルミ速度，フェルミ温度を計算しなさい．

[解答例]

$1\text{ cm}^{-3}=10^6\text{ m}^{-3}$, $\quad n=5.90\times 10^{28}\text{ m}^{-3}$, $\quad 1\text{ eV}=1.602\times 10^{-19}\text{ J}$

$$k_\text{F}=\left(\frac{3\pi^2 N}{V}\right)^{1/3}=(3\pi^2 n)^{1/3}=(3\pi^2\times 5.90\times 10^{28}\text{ m}^{-3})^{1/3}$$

$$=(3\pi^2\times 5.90\times 10)^{1/3}\times 10^9\text{ m}^{-1}$$

$$=1.20\cdots\times 10^{10}\text{ m}^{-1}\approx 1.2\times 10^{10}\text{ m}^{-1}=1.2\times 10^8\text{ cm}^{-1}$$

$$E_\text{F}=\frac{\hbar^2}{2m}k_\text{F}^2=\frac{(1.05\times 10^{-34}\text{ J·s})^2\times(1.20\times 10^{10}\text{ m}^{-1})^2}{2\times 9.11\times 10^{-31}\text{ kg}}$$

$$=\frac{1.05^2\times 1.20^2}{2\times 9.11}\times 10^{-68+31+20}\text{ J}^2\text{·s}^2\text{·m}^{-2}\text{·kg}^{-1}$$

$$=8.71\cdots\times 10^{-19}\text{ J}=5.44\cdots\text{ eV}\approx 5.4\text{ eV}$$

(J = kg·m^2·s^{-2} であるから，J^2·s^2·m^{-2}·kg^{-1} = kg·m^2·s^{-2}·s^2·m^{-2}·kg^{-1} = J)

$$v_\text{F}=\frac{\hbar k_\text{F}}{m}=\frac{1.05\times 10^{-34}\text{ J·s}\times 1.20\times 10^{10}\text{ m}^{-1}}{9.11\times 10^{-31}\text{ kg}}$$

$$=\frac{1.05\times 1.20}{9.11}\times 10^{-34+10+31}\text{ J·s·m}^{-1}\text{·kg}^{-1}$$

$$=0.138\cdots\times 10^7\text{ m·s}^{-1}\approx 1.4\times 10^6\text{ m·s}^{-1}$$

(J·s·m^{-1}·kg^{-1} = (kg·m^2·s^{-2})·s·m^{-1}·kg^{-1} = m·s^{-1})

$$T_\text{F}=\frac{E_\text{F}}{k_\text{B}}=\frac{8.71\times 10^{-19}\text{ J}}{1.38\times 10^{-23}\text{ J·K}^{-1}}=6.31\cdots\times 10^4\text{ K}\approx 6.3\times 10^4\text{ K}$$

軌道エネルギーがεと$\varepsilon+\mathrm{d}\varepsilon$の範囲にあるスピンを考慮した状態の数$\mathrm{d}N$を$D(\varepsilon)\mathrm{d}\varepsilon$と表したとき，$D(\varepsilon)$を**エネルギー状態密度**（state density）とよぶ．金属の固体では，軌道エネルギーの間隔は非常に狭く，密に分布しているので，エネルギー状態密度の概念が役に立つ．

先述のとおり，$\boldsymbol{k}$空間においては，(k_x, k_y, k_z)で表される1個の点に1つの電子状態が対応する．半径がkで厚さが$\mathrm{d}k$（つまり，波数がkと$k+\mathrm{d}k$の範囲にある）の球殻の体積は$4\pi k^2\mathrm{d}k$であり，1個の格子点の体積$(2\pi/L)^3$で割って，電子スピンを考慮して2をかけたものがこの体積における状態の数$\mathrm{d}N$となるので，

$$\mathrm{d}N = D(\varepsilon)\mathrm{d}\varepsilon = 2\times\frac{4\pi k^2}{(2\pi/L)^3}\mathrm{d}k \tag{3.36}$$

が得られる．式(3.29)を用いて，軌道エネルギーεの関数として表すと，

$$D(\varepsilon)\mathrm{d}\varepsilon = \frac{V}{2\pi^2}\left(\frac{2m}{\hbar^2}\right)^{3/2}\sqrt{\varepsilon}\,\mathrm{d}\varepsilon \tag{3.37}$$

となり，

$$D(\varepsilon) = \frac{\mathrm{d}N}{\mathrm{d}\varepsilon} = \frac{V}{2\pi^2}\left(\frac{2m}{\hbar^2}\right)^{3/2}\sqrt{\varepsilon} \tag{3.38}$$

が得られる．

このエネルギー状態密度を用いて，電子配置を表すことを考えてみよう．エネルギー状態密度に対して，電子がこの状態密度を占有する確率をかけたものを全エネルギー領域にわたって積分すると，電子数となる．電子の場合，この確率は次に述べるフェルミ・ディラック統計で与えられる．

3.3 フェルミ・ディラックの分布関数

　絶対零度の金属では，これまで考えてきたように，電子はエネルギーが低い準位から軌道を占有し，隙間なく詰まっている．しかし，有限温度では，電子は熱で励起されて，空いている高い状態に分布する．このような分布は，**フェルミ・ディラック統計**（Fermi-Dirac statistics）により決まる．フェルミ・ディラック統計は，電子などのフェルミ粒子（半整数のスピンをもつ粒子）に対して成り立つ分布であり，エネルギー ε をもつ状態が温度 T において電子で占められる確率 $f(T, \varepsilon)$ は，次のフェルミ・ディラックの分布関数で表される．

$$f(T, \varepsilon) = \frac{1}{1 + e^{(\varepsilon - \varepsilon_F)/k_B T}} \tag{3.39}$$

ここで，ε_F は電子の化学ポテンシャルであり，**フェルミ準位**（Fermi level）とよばれる．ε_F は $D(\varepsilon) f(T, \varepsilon)$ をすべての ε について加え合わせた和が粒子の総数 N に等しいという次の条件から決まる．

$$N = \int_0^\infty D(\varepsilon) f(T, \varepsilon) d\varepsilon \tag{3.40}$$

　図3.6に $f(T, \varepsilon)$ を ε に対してプロットしたグラフを示す．0 K では，$\varepsilon < \varepsilon_F$ のとき $f(T, \varepsilon) = 1$ で，$\varepsilon > \varepsilon_F$ のとき $f(T, \varepsilon) = 0$ である階段関数であり，ε_F はフェルミエネルギー E_F に等しい．温度が高くなるにつれて，1 から 0 まで緩やかに変化するような関数となる．フェルミ準位は電子が占有する確率が 1/2 である

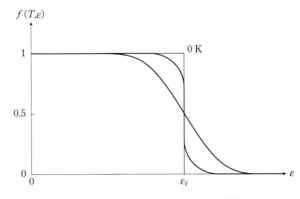

図3.6　フェルミ・ディラック分布関数

3.3 フェルミ・ディラックの分布関数

> ### ● コラム 3.3　　金属の仕事関数とフェルミ準位の測定方法
>
> 　金属や半導体の結晶表面から外に1個の電子を取り出すのに必要な最小のエネルギーを**仕事関数**という．仕事関数は，金属のフェルミ準位と真空準位のポテンシャルエネルギーの差に等しい．接触電位差，光電子放出，熱電子放出などの実験により測定することができる．

エネルギーとなる．

　電子デバイスでは使用する金属のフェルミ準位が重要な物理量となる．フェルミ準位は通常，真空中で金属から非常に遠く離れた点（真空準位とよぶ）をゼロとしたエネルギー位置で示される．**図3.7**に示すように，実験的に測定した金属の**仕事関数**（work function）にマイナスをつけた値がフェルミ準位のエネルギー位置となる．代表的な金属の仕事関数を**表3.3**に示した．

　先述のとおり，金属固体では，エネルギー状態密度とフェルミ・ディラックの分布関数との積を全領域で積分すると，電子の総数 N が得られる．0 K では，**図3.8**に示したように，フェルミ準位よりも低い状態はすべて電子で占められており，高い状態はすべて空である．室温程度の温度では，**図3.9**に示したように，低いエネルギー準位にある一部の電子（A領域）は，熱運動により高いエネルギー準位（B領域）に励起されている．それらの領域の幅は，およそ $2k_B T$ 程度である．

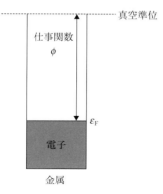

図3.7　金属の仕事関数

表3.3　代表的な金属（多結晶）の仕事関数

物質	仕事関数（eV）
Li	2.32
K	2.22
Mg	3.61
Ca	2.87
Ba	2.66
Al	4.19
Ag	4.34
Au	5.32

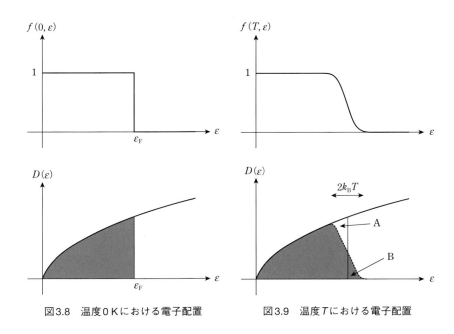

図3.8　温度0Kにおける電子配置　　図3.9　温度Tにおける電子配置

　$\varepsilon - \varepsilon_F \gg k_B T$ の場合，すなわち，式(3.39)右辺の分母の1が無視できるとき $(1+\mathrm{e}^{(\varepsilon-\varepsilon_F)/k_B T} \approx \mathrm{e}^{(\varepsilon-\varepsilon_F)/k_B T})$，

$$f(T,\varepsilon) \approx \mathrm{e}^{-(\varepsilon-\varepsilon_F)/k_B T} \approx C\,\mathrm{e}^{-\varepsilon/k_B T} \tag{3.41}$$

となる．Cは定数である．

　これは古典的な**ボルツマン分布**（Boltzmann distribution）または**マクスウェル・ボルツマン分布**（Maxwell-Boltzmann distribution）の形である．マクスウェル分布則では，同種のn個の分子が外力の場の中にあって絶対温度がTに保たれているとき，任意の1個の分子がエネルギーεをもつ確率は$\exp(-\varepsilon/k_B T)$に比例する．第5章で述べる半導体の伝導電子に関しては，このような近似が適用される．

3.3 フェルミ・ディラックの分布関数

例題3.9 絶対温度0Kにおける全電子数Nを表す式を，式(3.37)を用いて計算しなさい．

[解答例]

0Kのときは，$0 \sim \varepsilon_F$の間で$f(0, \varepsilon) = 1$であるから

$$N = \int_0^{\varepsilon_F} D(\varepsilon) d\varepsilon = \int_0^{\varepsilon_F} \frac{V}{2\pi^2}\left(\frac{2m}{\hbar^2}\right)^{3/2} \sqrt{\varepsilon}\, d\varepsilon = \frac{V}{2\pi^2}\left(\frac{2m}{\hbar^2}\right)^{3/2} \int_0^{\varepsilon_F} \sqrt{\varepsilon}\, d\varepsilon$$

$$= \frac{V}{2\pi^2}\left(\frac{2m}{\hbar^2}\right)^{3/2} \left[\frac{2}{3}\varepsilon^{3/2}\right]_0^{\varepsilon_F} = \frac{V}{2\pi^2}\left(\frac{2m}{\hbar^2}\right)^{3/2} \times \frac{2}{3}\varepsilon_F^{3/2} = \frac{V}{3\pi^2}\left(\frac{2m\varepsilon_F}{\hbar^2}\right)^{3/2}$$

となる．これは式(3.33)と同じである．

例題3.10 25℃における$k_B T$の値を計算し，金のフェルミエネルギー$E_F = 5.4$ eVと比較しなさい．

[解答例]

$k_B T = 1.38 \times 10^{-23}$ J・K^{-1} $\times (273 + 25)$K $= 4.1124 \times 10^{-21}$ J $\approx 4.11 \times 10^{-21}$ J

単位を換算してeVで表すと，1 eV $= 1.602 \times 10^{-19}$ J から，$k_B T \approx 25.7$ meV であり，例えばAuのE_Fは5.4 eVであるから，$\varepsilon_F / k_B T = 214.7\cdots \approx 210$である．

❖ 演習問題

3.1 1次元の自由電子に関して，エネルギー状態密度を求めなさい．

3.2 2次元の自由電子に関して，エネルギー状態密度を求めなさい．

3.3 絶対温度0 Kにおける3次元自由電子系の全エネルギーを計算しなさい．自由電子の数をN個とする．

3.4 次に示した単位の換算式を導きなさい．
$$1\,\mathrm{eV} = 1.602 \times 10^{-19}\,\mathrm{J} = 8066\,\mathrm{cm}^{-1}$$

3.5 式(3.36)と式(3.29)を使って，式(3.38)を誘導しなさい．また，Nとεの関係式を求めて，$\dfrac{\mathrm{d}N}{\mathrm{d}\varepsilon}$を計算して式(3.38)を導きなさい．

3.6 $\varepsilon_\mathrm{F} = 5.5\,\mathrm{eV}$として，300 Kにおいて熱励起されている電子の割合を見積もりなさい．

第4章　エネルギーバンド

　本章では，結晶の電子の状態を取り扱うバンド理論を2つの視点から学習する．1つは，前章で述べた自由電子モデルを基にして，結晶中の電子が格子でブラッグ反射されてできる定在波により，エネルギーバンドとギャップが生じるという，いわば物理モデル，もう1つは，結晶を構成する単位構造の電子状態から結晶の電子状態を考えて，エネルギーバンドとギャップを説明する化学モデルである．結晶中の電子の状態はエネルギーバンドにより記述され，バンド理論を用いると絶縁体，導体，半導体の電気伝導や光吸収などを説明することができる．

4.1　周期ポテンシャル中の電子

　3.1節で記述した1次元格子中の自由電子における陽イオンの効果を考えてみる．図4.1に示したように，陽イオンは格子定数aで1次元結晶をつくっているとする．並進ベクトルは$\boldsymbol{a} = a\hat{\boldsymbol{x}}$（$\hat{\boldsymbol{x}}$は$x$軸方向の単位ベクトル）であり，実格子ベクトルは$\boldsymbol{T} = n\boldsymbol{a} = na\hat{\boldsymbol{x}}$（$n$は整数）で表される．3.1節では，$N$番目の単位構造の次には1番目がくるという周期的境界条件を仮定し，1次元格子の固有関数$\varphi(x)$およびエネルギー固有値ε_kが次の式で与えられた．

$$\varphi(x) = \frac{1}{\sqrt{L}} e^{ikx} \tag{4.1}$$

$$\varepsilon_k = \frac{\hbar^2}{2m} k^2 = \frac{\hbar^2}{2m}\left(\frac{2\pi n}{L}\right)^2 = \frac{\hbar^2}{2m}\left(\frac{2\pi n}{aN}\right)^2 \tag{4.2}$$

ただし，

$$L = Na \tag{4.3}$$

$$k = \frac{2\pi n}{L} = \frac{2\pi n}{aN} \quad (n = 0, \pm 1, \pm 2, \cdots) \tag{4.4}$$

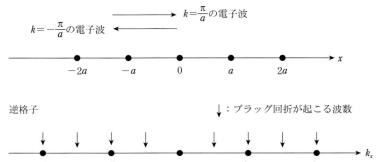

図4.1 1次元の格子と逆格子

固有関数はx軸上の正と負の方向に進む進行波である．電子の進行波（電子波）が陽イオンからなる結晶格子によりブラッグ回折すると考えることで，陽イオンの効果を取り入れる．電子の回折にも2.4節のX線回折で勉強したブラッグの法則を使用することができる．ブラッグの法則

$$2a\sin\theta = n\lambda \tag{4.5}$$

において，いまの場合は$\theta = \pm 90°$であるから，ブラッグ回折が起こる波数は

$$k = \frac{2\pi}{\lambda} = \pm\frac{2\pi n}{2a} = \pm\frac{n\pi}{a} \tag{4.6}$$

となる．この結果から，例えば，$k=\pi/a$の電子波が結晶格子により反射されると，ブラッグの回折条件を満たす$k=-\pi/a$の電子波が新たに発生すると考えられる．

ここで，格子定数aの1次元結晶の逆格子を考えよう．逆格子の並進ベクトルは$\boldsymbol{a}^* = (2\pi/a)\hat{\boldsymbol{x}}$（$\hat{\boldsymbol{x}}$は$k$軸方向の単位ベクトル）であるから，逆格子ベクトルは$\boldsymbol{G} = v\boldsymbol{a}^* = v(2\pi/a)\hat{\boldsymbol{x}}$（$v$は整数）で表される．第2章例題2.6で示したように$|k| \leq \pi/a$の範囲は第1ブリュアン帯域である．$\pi/a \leq |k| \leq 2\pi/a$を第2ブリュアン帯域，$2\pi/a \leq |k| \leq 3\pi/a$を第3ブリュアン帯域とよぶ．図4.1に示したように，ブラッグ回折が起こる波数は，第1ブリュアン帯域の端などである．上で述べたように，x軸上の正の方向に進む$k=+\pi/a$の電子波は，反射される

と $k=-\pi/a$ となり負の方向に進むので，この 2 つの波が干渉して次に示す定在波ができる．

$$\varphi_+(x) = \frac{1}{\sqrt{L}}\mathrm{e}^{+i\frac{\pi}{a}x} + \frac{1}{\sqrt{L}}\mathrm{e}^{-i\frac{\pi}{a}x} = \frac{2}{\sqrt{L}}\cos\left(\frac{\pi}{a}x\right) \tag{4.7}$$

$$\varphi_-(x) = \frac{1}{\sqrt{L}}\mathrm{e}^{+i\frac{\pi}{a}x} - \frac{1}{\sqrt{L}}\mathrm{e}^{-i\frac{\pi}{a}x} = \frac{2i}{\sqrt{L}}\sin\left(\frac{\pi}{a}x\right) \tag{4.8}$$

これらの定在波の電子密度は

$$\rho_+(x) = |\varphi_+(x)|^2 \propto \cos^2\left(\frac{\pi}{a}x\right) \tag{4.9}$$

$$\rho_-(x) = |\varphi_-(x)|^2 \propto \sin^2\left(\frac{\pi}{a}x\right) \tag{4.10}$$

となる．図 4.2 に示したように，陽イオンの位置で，定在波 $\varphi_+(x)$ の電子密度 $\rho_+(x)$ は高く，定在波 $\varphi_-(x)$ の電子密度 $\rho_-(x)$ は低い．したがって，$\varphi_+(x)$ と $\varphi_-(x)$ では，陽イオンと電子の相互作用が異なり，軌道エネルギーの値が異なることになる．このため，図 4.3 の波数空間における $x=\pi/a$ の位置で，自由電子の電子状態には見られなかったエネルギーギャップが生じる．x 軸上の負の方向に進む $k=-\pi/a$ の電子波についても，反射すると $k=+\pi/a$ となり正の方向に進むので，上の例と同じ定在波ができる．また，$k=\pm 2\pi/a$ の場合にも同様な現象が起こる．

図 4.4 に示したように，ε–k 曲線を逆格子の並進ベクトルの大きさ $\pm n(2\pi/a) = \pm G$ だけ移動することにより，第 2 以降のブリュアン帯域の ε–k 曲線を，第 1 ブリュアン帯域の波数で表示することが可能であり，このような表示を**還元領域表示**（reduced zone scheme）とよぶ．こうした表示ができる理由につい

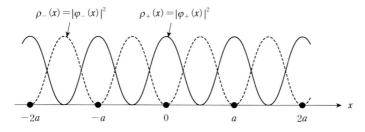

図 4.2　定在波 $\varphi_+(x)$ と $\varphi_-(x)$ の電子密度

第4章 エネルギーバンド

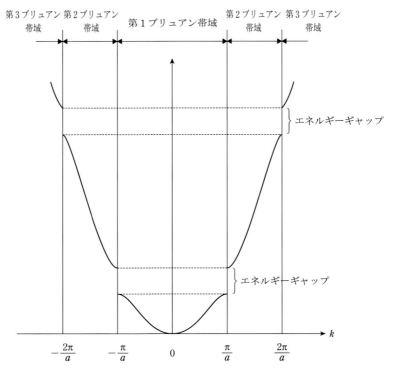

図4.3　1次元結晶における軌道エネルギー ε と波数 k の関係

ては後述する．また，図4.4(右)のように k 依存性をあらわに示さず，エネルギー曲線がとりうるエネルギーの範囲を箱のような形で示すこともある．図4.4では，軌道エネルギー準位が連続的に存在する領域とまったく存在しない領域が生じていることがわかる．軌道エネルギー準位が連続的に存在する領域は**エネルギーバンド**（energy band）あるいは**エネルギー帯**とよばれる．一方，軌道エネルギー準位がまったくない領域は，**エネルギーギャップ**（energy gap）あるいは**バンドギャップ**（band gap），**禁止帯**とよばれる．結晶の電子構造には，結晶の周期的ポテンシャルにより，バンドギャップが生じることが特徴である．

次に，1つのエネルギーバンドの中の状態数を考える．例として，$N=6$ とする．第1ブリュアン帯域において許される k は，

4.1 周期ポテンシャル中の電子

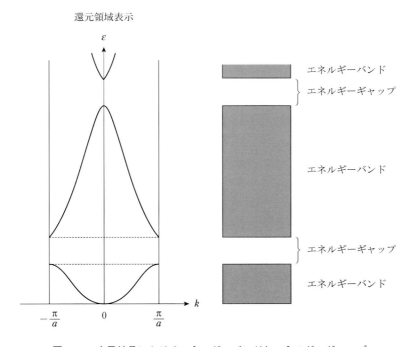

図4.4　1次元結晶におけるエネルギーバンドとエネルギーギャップ

$$k = -\frac{2\pi}{3a}, \quad -\frac{\pi}{3a}, \quad 0, \quad \frac{\pi}{3a}, \quad \frac{2\pi}{3a}, \quad \frac{\pi}{a}$$

である（式(3.18)）．$k=-\pi/a$ は逆格子ベクトルで π/a と結ばれているので，独立な値ではない．**図4.5**に軌道エネルギー準位を示した．各原子（この例では6個）は，1つのエネルギーバンドに対して，独立な1個の k の値と軌道エネルギーを与える．各原子から電子が1個ずつ供給される場合，電子の数は全部で6個である．スピンを考慮すると1つの軌道に電子は2個まで入ることができるから，$k=0$，$\pm \pi/(3a)$ のエネルギー準位が電子に占有される．N が非常に大きい場合を考えると，軌道エネルギー準位の半分まで電子が詰まる．このように半分だけ電子が詰まっているバンドを**半充満帯**（half-filled band）とよぶ．各原子から電子が2個ずつ供給される場合，軌道エネルギー準位はすべ

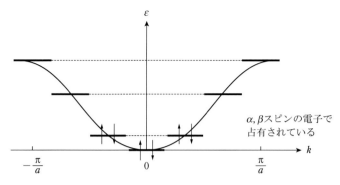

図4.5 $N=6$の1次元結晶の軌道エネルギー準位と電子の占有

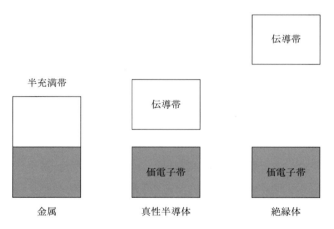

図4.6 金属，真性半導体，絶縁体のエネルギーバンド

て電子で占有される．このようなバンドを**充満帯**（filled band）とよぶ．

図4.6に，金属，真性半導体，絶縁体のエネルギーバンドを模式的に示した．金属は半充満帯をもつ．半充満帯では電子に占有されているエネルギー準位のすぐ上に連続的なエネルギー準位が存在するので，外部からの電場に応答して電子の波数ベクトルが変化し，容易に電気を流すことができる．絶縁体や半導体では，価電子によって満たされているエネルギーバンドを**価電子帯**（valence band），価電子帯の上方にある空のエネルギーバンド（空帯）を**伝導帯**（conduction band）とよぶ．熱や光で価電子帯から空帯に励起された電子が電気を

運ぶので，伝導帯とよばれている．絶縁体では，エネルギーギャップが大きく，伝導帯に熱励起される電子がほとんどないので，電気伝導度は低い．以上のように，バンド構造と電気的な性質は密接に関連している．

4.2　周期性，ブロッホ関数

　周期的境界条件を仮定した場合に，電子の波動関数が満たさなければならない条件がある．1次元系の周期的境界条件では，N番目の単位構造の後に1番目がくるので，波動関数$\varphi(x)$は次の式を満たす．

$$\varphi(x+Na) = \varphi(x) \tag{4.11}$$

電子密度$\rho(x)$は，量子論の原理から，

$$\rho(x) = |\varphi(x)|^2 = \varphi^*(x)\varphi(x) \tag{4.12}$$

で表される．結晶では，格子定数aだけ動かした場合，電子密度は不変でなければならないので，

$$\rho(x+a) = \rho(x) \tag{4.13}$$

が成り立つ必要がある．

　この式は次の条件が満足される場合にのみ成り立つ．

$$\varphi(x+a) = \lambda\varphi(x) \tag{4.14}$$

ここで，λは次式を満足する複素数である．

$$\lambda^*\lambda = 1 \tag{4.15}$$

N個の単位構造の分だけ移動させて，周期的境界条件を考えると

$$\varphi(x+Na) = \lambda^N \varphi(x) = \varphi(x) \tag{4.16}$$

となる．したがって，

$$\lambda^N = 1 \tag{4.17}$$

が得られる．次の式で表される λ は式(4.17)を満たす．

$$\lambda = e^{i\frac{2\pi p}{N}} = \cos\left(\frac{2\pi p}{N}\right) + i\sin\left(\frac{2\pi p}{N}\right) \quad (p = 0, 1, 2, \cdots, N-1) \quad (4.18)$$

複素数の虚部の符号をマイナスにしても式(4.17)を満たすが，ここでは符号をプラスとする．

ここで，

$$k = \frac{2\pi p}{aN} \quad (4.19)$$

とおくと（式(3.18)）

$$\lambda = e^{ika} = \cos(ka) + i\sin(ka) \quad (4.20)$$

であり，式(4.14)は

$$\varphi_k(x+a) = e^{ika}\varphi_k(x) \quad (4.21)$$

と表される．e^{ika} は絶対値が1で位相が ka の複素数であるから，式(4.21)は，格子の位置が a だけ進むと，波動関数の振幅は変化せずに，位相が ka 変化することを示している．式(4.21)を満たす波動関数は，一般に進行波と周期関数 $u_k(x)$ の積として次のように表される．

$$\varphi_k(x) = e^{ikx}u_k(x), \quad u_k(x+a) = u_k(x) \quad (4.22)$$

式(4.22)は**ブロッホ関数**（Bloch function）とよばれる．この式は，波動関数は結晶を構成するすべての単位構造に広がっており，格子定数と同じ周期をもつ関数 $u_k(x)$ が平面波 e^{ikx} で振幅変調されたような形をしていることを示している．**図4.7**にブロッホ関数を模式的に示した．周期的な構造をもつ系の波動関数はブロッホ関数であることが必要である．これは**ブロッホの定理**（Bloch theorem）とよばれ，結晶を取り扱う上でとても重要な定理である．ブロッホの定理は，式(4.21)が成り立つことと同値である．

4.2 周期性，ブロッホ関数

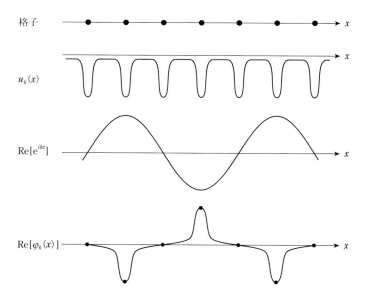

図4.7 ブロッホ関数

例題4.1 式(4.22)で表されるブロッホ関数は，ブロッホの定理と同値な式(4.21)を満たすことを示しなさい．

[解答例]

$$\varphi_k(x+a) = e^{ik(x+a)}u_k(x+a) = e^{ika}e^{ikx}u_k(x) = e^{ika}\varphi_k(x)$$

第4章　エネルギーバンド

> **例題4.2**　1次元のブロッホ関数に関して，次の関係式が成り立つことを示しなさい．
>
> $$\varphi_k(x) = \varphi_{k+\frac{2\pi}{a}n}(x)$$
>
> $$\varepsilon_k = \varepsilon_{k+\frac{2\pi}{a}n}$$
>
> ［解答例］
>
> $$\varphi_k(x) = e^{ikx}u_k(x) = e^{i\left(k+\frac{2\pi}{a}n\right)x} e^{-i\frac{2\pi}{a}nx} u_k(x), \quad \varphi_{k+\frac{2\pi}{a}n}(x) = e^{i\left(k+\frac{2\pi}{a}n\right)x} u_{k+\frac{2\pi}{a}n}(x)$$
>
> と書くことができる．第1式で，$e^{-i\frac{2\pi}{a}nx}u_k(x)$ の部分は，周期が a の関数である．そこで，改めて，$e^{-i\frac{2\pi}{a}nx}u_k(x) = u_{k+\frac{2\pi}{a}n}(x)$ と定義すると $\varphi_k(x) = \varphi_{k+\frac{2\pi}{a}n}(x)$ となる．同じ固有関数からは，同じ軌道エネルギーの値が得られるはずなので，
>
> $$\varepsilon_k = \varepsilon_{k+\frac{2\pi}{a}n}$$
>
> となる．

3次元では，次の関係式が成り立つ．

$$\varphi_k(\boldsymbol{r}) = \varphi_{k+G}(\boldsymbol{r}) \tag{4.23}$$

$$\varepsilon_k = \varepsilon_{k+G} \tag{4.24}$$

式(4.24)から，あらゆる k の値を，第1ブリュアン帯域の k の値（もっとも小さい k の値）と対応づけることができるため，ε–k 曲線の表示に，上で述べた還元領域表示を用いることができるのである．

4.3 ヒュッケル近似——ポリアセチレンの電子状態

第1章で，白川英樹博士のノーベル賞受賞理由となったポリアセチレンの話をした．当時，まだ合成されていなかったポリアセチレンの物性は不明であった．白川らにより合成されたポリアセチレンフィルムは半導体であり，高い電気伝導度を示すことはなかった．この節では，ヒュッケル分子軌道法を使って，ポリアセチレンの電子状態を検討する．結果として，4.1節とは異なる方法で，エネルギーバンドを導くことになる．

ヒュッケル分子軌道法では，π（パイ）電子のみを考慮する．これを**π電子近似**（π-electron approximation）という．分子軌道法のなかでももっとも粗い近似であるが，概念をおおまかにとらえるためにとても役に立つ．ここではヒュッケル分子軌道法を用いて，ポリアセチレンの電子状態を考察する．なお，固体物理学では，このようなアプローチを**かたく結ばれた電子の近似**（tight-binding approximation）とよぶ．

ポリアセチレンでは，炭素原子がsp^2混成軌道をとり，σ（シグマ）結合の骨格を形成し，さらに各炭素原子には1個のπ電子が存在する．ここで，π電子に関して2種類の構造を考える．まずはじめに，**図4.8**に示すように，π電子が非局在化して，すべての化学結合が等価な1.5重結合である構造について考察する．ここでは，この構造を非局在構造とよぶ．非局在構造は，直鎖状に伸びた構造をしており，1次元の結晶とみなすことができる．

非局在構造では，CHが単位構造であり，単位構造の中心どうしの間隔をaとする．1次元結晶と考えると，aは格子定数にあたる．ヒュッケル分子軌道法では，各炭素原子の2p原子軌道の線形結合により，高分子の分子（結晶）軌道がつくられると近似する．このような方法をLCAO（linear combination of

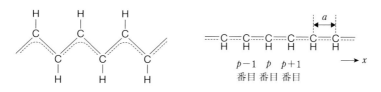

図4.8 ポリアセチレンの非局在構造

atomic orbital）法とよぶ．すなわち，分子軌道は各炭素原子の2p原子軌道の波動関数をχ_p，係数をC_pとすると，

$$\varphi_j = \sum_{p=1}^{N} C_p \chi_p \quad (j=1,2,\cdots,N) \tag{4.25}$$

と表される．さらに，この分子軌道はブロッホの定理を満たす必要があるため，線形結合の係数が決まり，

$$\varphi_j = \frac{1}{\sqrt{N}} \sum_{p=1}^{N} \mathrm{e}^{i\frac{2\pi j}{aN}pa} \chi_p \quad (j=1,2,\cdots,N) \tag{4.26}$$

となる．この式は

$$k = \frac{2\pi j}{aN} \tag{4.27}$$

とおくと

$$\varphi_j = \frac{1}{\sqrt{N}} \sum_{p=1}^{N} \mathrm{e}^{ikpa} \chi_p \quad (j=1,2,\cdots,N) \tag{4.28}$$

となる．原点の位置にある原子軌道を$\chi(x)$とすると，$x=pa$の位置にある原子軌道χを$\chi(x-pa)$と表すことができるので，

$$\begin{aligned}\varphi_j(x) &= \frac{1}{\sqrt{N}} \sum_{p=1}^{N} \mathrm{e}^{i\frac{2\pi j}{aN}pa} \chi(x-pa) \\ &= \frac{1}{\sqrt{N}} \sum_{p=1}^{N} \mathrm{e}^{ikpa} \chi(x-pa) \quad (j=1,2,\cdots,N)\end{aligned} \tag{4.29}$$

と表すこともできることを付け加えておく．

例題4.3 式(4.26)で表される分子軌道は，ブロッホ関数であることを示しなさい．

[解答例]

式(4.26)で，例として$N=6$とし，$j=1, 2$の分子軌道を書き下して，式(4.21)を満たすことを示す．

$j=1$の場合，式(4.27)から，$k=\dfrac{2\pi j}{aN}=\dfrac{\pi}{3a}$ となり，

$$\varphi_1 = \frac{1}{\sqrt{6}} \left(e^{i\frac{\pi}{3a} \times a} \chi_1 + e^{i\frac{\pi}{3a} \times 2a} \chi_2 + e^{i\frac{\pi}{3a} \times 3a} \chi_3 + e^{i\frac{\pi}{3a} \times 4a} \chi_4 + e^{i\frac{\pi}{3a} \times 5a} \chi_5 + e^{i\frac{\pi}{3a} \times 6a} \chi_6 \right)$$

$$= \frac{1}{\sqrt{6}} \left(e^{ik \times a} \chi_1 + e^{ik \times 2a} \chi_2 + e^{ik \times 3a} \chi_3 + e^{ik \times 4a} \chi_4 + e^{ik \times 5a} \chi_5 + e^{ik \times 6a} \chi_6 \right)$$

である．式(4.21)の左辺で変数xを$x+a$で置き換えることは，χ_1をχ_6で，χ_2をχ_1で，$\cdots$，χ_6をχ_5で置き換える並進移動を意味するので，

$$\varphi_1' = \frac{1}{\sqrt{6}} \left(e^{ik \times a} \chi_6 + e^{ik \times 2a} \chi_1 + e^{ik \times 3a} \chi_2 + e^{ik \times 4a} \chi_3 + e^{ik \times 5a} \chi_4 + e^{ik \times 6a} \chi_5 \right)$$

$$= e^{ika} \frac{1}{\sqrt{6}} \left(e^{ik \times 6a} \chi_6 + e^{ik \times a} \chi_1 + e^{ik \times 2a} \chi_2 + e^{ik \times 3a} \chi_3 + e^{ik \times 4a} \chi_4 + e^{ik \times 5a} \chi_5 \right)$$

$$= e^{ika} \varphi_1$$

となる（$e^{ik \times 6a} = e^{2\pi i} = 1$）．

$j = 2$ の場合，$k = \dfrac{2\pi j}{aN} = \dfrac{2\pi}{3a}$ となり，

$$\varphi_2 = \frac{1}{\sqrt{6}} \left(e^{i\frac{2\pi}{3a} \times a} \chi_1 + e^{i\frac{2\pi}{3a} \times 2a} \chi_2 + e^{i\frac{2\pi}{3a} \times 3a} \chi_3 + e^{i\frac{2\pi}{3a} \times 4a} \chi_4 + e^{i\frac{2\pi}{3a} \times 5a} \chi_5 + e^{i\frac{2\pi}{3a} \times 6a} \chi_6 \right)$$

$$= \frac{1}{\sqrt{6}} \left(e^{ik \times a} \chi_1 + e^{ik \times 2a} \chi_2 + e^{ik \times 3a} \chi_3 + e^{ik \times 4a} \chi_4 + e^{ik \times 5a} \chi_5 + e^{ik \times 6a} \chi_6 \right)$$

である．$j = 1$ の場合と同様に考えると，

$$\varphi_2' = \frac{1}{\sqrt{6}} \left(e^{ik \times a} \chi_6 + e^{ik \times 2a} \chi_1 + e^{ik \times 3a} \chi_2 + e^{ik \times 4a} \chi_3 + e^{ik \times 5a} \chi_4 + e^{ik \times 6a} \chi_5 \right)$$

$$= e^{ika} \frac{1}{\sqrt{6}} \left(e^{ik \times 6a} \chi_6 + e^{ik \times a} \chi_1 + e^{ik \times 2a} \chi_2 + e^{ik \times 3a} \chi_3 + e^{ik \times 4a} \chi_4 + e^{ik \times 5a} \chi_5 \right)$$

$$= e^{ika} \varphi_2$$

となる．

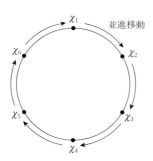

量子論によると，波数ベクトルkの軌道エネルギーの期待値ε_kは次の式で与えられる（第1章 仮設IV）．

$$\varepsilon_k = \frac{\int \varphi_k^* \hat{H} \varphi_k \mathrm{d}\tau}{\int \varphi_k^* \varphi_k \mathrm{d}\tau} \tag{4.30}$$

ヒュッケル分子軌道法では，積分の計算に際して，次に示すような仮定をする．

（1）原子軌道の**重なり積分**（overlap integral）は，同じ軌道については1すなわち規格化されていて，異なる原子上の重なり積分はゼロと近似する．

$$\int \chi_m^* \chi_n \mathrm{d}\tau = \delta_{mn} = \begin{cases} 1 & (m = n) \\ 0 & (m \neq n) \end{cases} \tag{4.31}$$

（2）炭素原子の**クーロン積分**（Coulomb integral）をパラメーターαとおく．αは原子軌道のエネルギーを表しており，負の値である．

$$\int \chi_n^* \hat{H} \chi_n \mathrm{d}\tau = \alpha \tag{4.32}$$

（3）**共鳴積分**（resonance integral）は，原子が隣接する場合のみ，パラメーターβとおき，それ以外はゼロとする．

$$\int \chi_m^* \hat{H} \chi_n \mathrm{d}\tau = \beta \quad （mとnが隣接している場合のみ） \tag{4.33}$$

共鳴積分は，**トランスファー積分**（transfer integral）ともよばれる．βは化学結合を反映しており，多くの場合，負の値である．

以上の近似をふまえて，式(4.30)を計算する．

$$\begin{aligned}
\int \varphi_k^* \varphi_k \mathrm{d}\tau &= \int \left(\frac{1}{\sqrt{N}} \sum_{p'=1}^N \mathrm{e}^{-ikap'} \chi_{p'}^* \right) \left(\frac{1}{\sqrt{N}} \sum_{p=1}^N \mathrm{e}^{ikap} \chi_p \right) \mathrm{d}\tau \\
&= \frac{1}{N} \sum_{p'=1}^N \left(\sum_{p=1}^N \mathrm{e}^{ika(p-p')} \int \chi_{p'}^* \chi_p \mathrm{d}\tau \right) \\
&= \frac{1}{N} \times N \\
&= 1
\end{aligned}$$

$$\int \varphi_k^* \hat{H} \varphi_k \mathrm{d}\tau = \int \left(\frac{1}{\sqrt{N}} \sum_{p'=1}^{N} \mathrm{e}^{-ikap'} \chi_{p'}^* \right) \hat{H} \left(\frac{1}{\sqrt{N}} \sum_{p=1}^{N} \mathrm{e}^{ikap} \chi_p \right) \mathrm{d}\tau$$

$$= \frac{1}{N} \sum_{p'=1}^{N} \left(\sum_{p=1}^{N} \mathrm{e}^{ika(p-p')} \int \chi_{p'}^* \hat{H} \chi_p \mathrm{d}\tau \right)$$

$$= \frac{1}{N} \times N \left(\alpha + \beta \mathrm{e}^{ika} + \beta \mathrm{e}^{-ika} \right)$$

$$= \alpha + 2\beta \cos(ka)$$

したがって,軌道エネルギーと分子軌道はそれぞれ,

$$\varepsilon_k = \alpha + 2\beta \cos(ka) \qquad \left(-\frac{\pi}{a} \leq k \leq \frac{\pi}{a} \right) \tag{4.34}$$

$$\varphi_k(x) = \frac{1}{\sqrt{N}} \sum_{p=1}^{N} \mathrm{e}^{i\frac{2\pi j}{N}p} \chi(x-pa) = \frac{1}{\sqrt{N}} \sum_{p=1}^{N} \mathrm{e}^{ikap} \chi(x-pa) \tag{4.35}$$

ただし,

$$k = \frac{2\pi j}{aN} \quad (j = 1, 2, \cdots, N)$$

となる.

図4.9に,第1ブリュアン帯域に関して,ε_kをkに対してプロットしたグラ

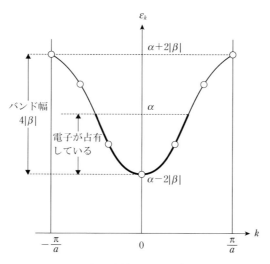

図4.9 非局在構造のε_k-kプロット

表4.1 $N=6$の場合のエネルギー準位と電子の占有数

j	-3	-2	-1	0	1	2	3
$k=\dfrac{2\pi j}{aN}$	$-\dfrac{\pi}{a}$	$-\dfrac{2\pi}{3a}$	$-\dfrac{\pi}{3a}$	0	$\dfrac{\pi}{3a}$	$\dfrac{2\pi}{3a}$	$\dfrac{\pi}{a}$
ε	$\alpha+2\lvert\beta\rvert$	$\alpha+\lvert\beta\rvert$	$\alpha-\lvert\beta\rvert$	$\alpha-2\lvert\beta\rvert$	$\alpha-\lvert\beta\rvert$	$\alpha+\lvert\beta\rvert$	$\alpha+2\lvert\beta\rvert$
電子数	0	0	2	2	2	0	0

フを示す．この図より$\alpha+2\lvert\beta\rvert$から$\alpha-2\lvert\beta\rvert$の間にエネルギーバンドができていることがわかる．エネルギーバンド幅は$4\lvert\beta\rvert$である．ここで，エネルギーバンドのうち電子で占有されている状態について考える．各炭素原子の分子軌道への寄与を考えるために，$N=6$の場合について，j, k, εの値を**表4.1**にまとめた．$N=6$であるので，$-\pi/a<k\leq\pi/a$の範囲に6個の状態が存在する．いま考えている構造では，1つの炭素原子から1個の電子が分子軌道に供給されるので，$N=6$では全電子数は6個である．表4.1を見るとわかるように，$k=0$, $\pm\pi/3a$のエネルギー準位がαスピンとβスピンの2個の電子で占有され，そのほかの準位は空である．Nが非常に大きくなると，バンドの半分が電子で占有され，半分は空であることが予測できる．すなわち，このバンドは半充満帯である．

次に，**図4.10**に示したように，C–C単結合とC=C二重結合が交互に存在する構造（結合交替構造とよぶ）の電子状態について考察する．各炭素原子にはp_z軌道に1個のπ電子が存在するが，この構造では，隣り合う炭素原子のp_z軌道の電子2個がπ結合をつくり，σ結合とあわせて二重結合を形成している．結合交替構造では，単位構造がCH=CH–であり，炭素原子を2個含んでいるので，単位構造の長さは非局在構造の倍となっている．炭素1と2の結合は二

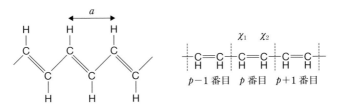

図4.10 ポリアセチレンの結合交替構造

重結合である．p 番目の単位構造における分子軌道 u_p を，この単位構造に属する 2 個の炭素原子の 2p 原子軌道 χ_1 と χ_2 の線形結合

$$u_p = c_1 \chi_1 + c_2 \chi_2 \tag{4.36}$$

とおき，次のブロッホ関数を分子軌道とする．

$$\varphi_k = \frac{1}{\sqrt{N}} \sum_{p=1}^{N} e^{ikap} u_p = \frac{1}{\sqrt{N}} \sum_{p=1}^{N} e^{ikap} (c_{1,p} \chi_{1,p} + c_{2,p} \chi_{2,p}) \tag{4.37}$$

ただし，

$$k = \frac{2\pi j}{aN} \qquad (j = 1, 2, \cdots, N) \tag{4.38}$$

である．これらの式を用いて，式 (4.30) で表される軌道エネルギーの期待値を計算する．その際に，C＝C と C–C 結合の共鳴積分を，それぞれ β_1 と β_2 とする．β_1 と β_2 ともに負の数であるが，C＝C 結合の次数は C–C 結合よりも大きいので，$|\beta_1| > |\beta_2|$ である．

$$\int \varphi_k^* \varphi_k \, \mathrm{d}\tau = \int \left[\frac{1}{\sqrt{N}} \sum_{p'=1}^{N} e^{-ikap'} (c_{1,p'}^* \chi_{1,p'}^* + c_{2,p'}^* \chi_{2,p'}^*) \right]$$
$$\left[\frac{1}{\sqrt{N}} \sum_{p=1}^{N} e^{ikap} (c_{1,p} \chi_{1,p} + c_{2,p} \chi_{2,p}) \right] \mathrm{d}\tau$$
$$= c_1^* c_1 + c_2^* c_2$$

$$\int \varphi_k^* \hat{H} \varphi_k \, \mathrm{d}\tau = \int \left[\frac{1}{\sqrt{N}} \sum_{p'=1}^{N} e^{-ikap'} (c_{1,p'}^* \chi_{1,p'}^* + c_{2,p'}^* \chi_{2,p'}^*) \right]$$
$$\hat{H} \left[\frac{1}{\sqrt{N}} \sum_{p=1}^{N} e^{ikap} (c_{1,p} \chi_{1,p} + c_{2,p} \chi_{2,p}) \right] \mathrm{d}\tau$$
$$= c_1^* c_1 \alpha + c_2^* c_2 \alpha + c_1^* c_2 (\beta_1 + \beta_2 e^{-ika}) + c_2^* c_1 (\beta_1 + \beta_2 e^{ika})$$

したがって，

$$\varepsilon_k = \frac{c_1^* c_1 \alpha + c_2^* c_2 \alpha + c_1^* c_2 (\beta_1 + \beta_2 e^{-ika}) + c_2^* c_1 (\beta_1 + \beta_2 e^{ika})}{c_1^* c_1 + c_2^* c_2} \tag{4.39}$$

となる．

次に，**変分法**（variation method）を使って，原子軌道の係数 c_1 と c_2 を適切な値に決める．すなわち，式(4.39)を微分すると，

$$\frac{\partial \varepsilon_k}{\partial c_1^*} = 0, \quad \frac{\partial \varepsilon_k}{\partial c_2^*} = 0 \tag{4.40}$$

から，次の連立方程式，すなわち**永年方程式**（secular equations）を導くことができる．

$$\begin{cases} (\alpha - \varepsilon_k)c_1 + (\beta_1 + \beta_2 e^{-ika})c_2 = 0 \\ (\beta_1 + \beta_2 e^{ika})c_1 + (\alpha - \varepsilon_k)c_2 = 0 \end{cases} \tag{4.41}$$

この連立方程式が $c_1 = c_2 = 0$ でない解をもつための必要十分条件は，次の**永年行列式**（secular determinant）が 0 となることである．

$$\begin{vmatrix} \alpha - \varepsilon_k & \beta_1 + \beta_2 e^{-ika} \\ \beta_1 + \beta_2 e^{ika} & \alpha - \varepsilon_k \end{vmatrix} = 0 \tag{4.42}^{*1}$$

行列式を展開して，解を求めると

$$\begin{aligned} \varepsilon_k &= \alpha \pm \sqrt{\beta_1^2 + \beta_2^2 + 2\beta_1 \beta_2 \cos(ka)} \\ &= \alpha \pm \sqrt{\beta_1^2 + \beta_2^2 + 2\beta_1 \beta_2 \cos\left(\frac{2\pi j}{N}\right)} \end{aligned} \tag{4.43}$$

である．図4.11に，ε_k を k に対してプロットしたグラフを示す．$|\beta_1 + \beta_2|$ から $|\beta_1 - \beta_2|$ のバンドと，$-|\beta_1 - \beta_2|$ から $-|\beta_1 + \beta_2|$ のバンドの間に，ギャップが生じている．結合交替構造のバンド構造は，非局在構造とは異なっている．π電子は各単位構造に2個あるから，基底状態では下のバンドは電子ですべて占有されており，上のバンドはまったく占有されていない．したがって，下のバンドは充満帯であり，価電子帯である．一方，上のバンドは空帯であり，伝導帯である．このようなバンド構造をもつ高分子は，ギャップが適度に小さいと真性半導体としての性質を示し，熱や光により電子が伝導帯に励起されると電流が流れる．

[*1] 2行2列の行列式の展開
$$\begin{vmatrix} a & b \\ c & d \end{vmatrix} = ad - bc$$

4.3 ヒュッケル近似──ポリアセチレンの電子状態

● コラム 4.1　　変分法

ある系の基底状態の固有関数を φ_0, エネルギーを ε_0 とすると, 次式が成り立つ.

$$\hat{H}\varphi_0 = \varepsilon_0 \varphi_0$$

固有関数 φ_0 を他の関数（試行波動関数）ϕ に置き換えて, エネルギーの期待値

$$\varepsilon_\phi = \frac{\int \phi^* \hat{H} \phi \, d\tau}{\int \phi^* \phi \, d\tau}$$

を計算すると, ε_ϕ は ε_0 よりも大きくなる. これを**変分原理**（variation principle）とよぶ.

あるパラメーター（変分パラメーターとよぶ）c_1, c_2, … を含む試行波動関数を選び, エネルギーの期待値 ε を計算すると, ε も変分パラメーター c_1, c_2, … の関数となる.

$$\frac{\partial \varepsilon}{\partial c_1} = 0, \quad \frac{\partial \varepsilon}{\partial c_2} = 0, \quad \cdots$$

の式から, ε の値を最小にする c_1, c_2, … の値を求めると, その試行関数を使って得られる最良のエネルギーを得ることができる. これを変分法とよぶ.

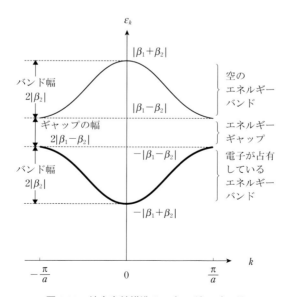

図4.11　結合交替構造のエネルギーバンド

基本構造の軌道とエネルギーバンドの関係をまとめる．非局在構造では，基本構造の1個の軌道から，高分子（1次元結晶）の軌道エネルギーのバンドが1個できた．1つの基本構造からこのバンドに供給される電子は1個で，電子はこのバンドの半分まで詰まった．また，結合交替構造では，基本構造の2個の軌道から，高分子の軌道エネルギーのバンドが2個できた．基本構造から供給される電子は2個であり，パウリの原理から1つの軌道には電子は2個まで占有できるので，下のエネルギーバンドには2個の電子がすべて入り，完全に占有されるが，上のバンドは空である．

　白川らにより合成されたポリアセチレンは，ラマンスペクトルと赤外スペクトル（すなわち振動スペクトル）の測定から，非局在構造ではなく，結合交替構造をとっていることがわかった．また，電気的性質は半導体であり，金属のような高い電気伝導度を示さなかったが，第6章で述べる化学ドーピングの手法を開発することにより，高い電気伝導度が実現された．π電子は光，電場，磁場などの外部刺激に容易に応答する．そのため，共役π電子をもつ一群の化合物は新しい材料として注目されている．

❖**演習問題**

4.1 以下に示す複素数 λ（式(4.18)で $N=6$ の場合）を複素平面にプロットして，各点について実部と虚部を求めなさい．

$$\lambda = e^{i\frac{2\pi}{6}p} = \cos\left(\frac{2\pi p}{6}\right) + i\sin\left(\frac{2\pi p}{6}\right) \qquad (p = 0, 1, 2, 3, 4, 5)$$

4.2 ポリアセチレンの非局在構造に関して，ヒュッケル近似で，軌道エネルギー ε_k が式(4.34)で与えられることを確認しなさい．

4.3 ポリアセチレンの結合交替構造に関して，ヒュッケル近似で，永年方程式が式(4.41)で与えられることを確認しなさい．

第5章　電気伝導

電場の中に存在する電子は，電場の力を受けて運動するが，その運動は真空中と結晶中ではまったく異なる．真空中では電子は加速されるが，結晶中ではフォノンや格子欠陥の影響で摩擦のような力を受けて一定速度となり，定常電流を生じる．結晶中のエネルギーバンドがわかると，外部から電場がかかったときの電子の動きを考察することができる．

5.1　オームの法則

図5.1に示すような，円筒形の金属の両端の間に電圧（電位差）Vを印加したとき，流れる電流をI，抵抗をRとすると，

$$V = IR \tag{5.1}$$

の関係が成り立つ．この関係は**オームの法則**（Ohm's law）とよばれる．電流の大きさについては，1秒間に1Cの電荷が流れたときの電流の大きさが1Aである（A=C・s^{-1}）．また，電位差が1Vのときに1Aの電流が流れる抵抗の値が1Ωである（Ω=V・A^{-1}）．電圧の大きさについては，1Aの電流が流れる導線上の2点間で費やされる仕事率が1W（=1J・s^{-1}）であるとき，この2点間の電圧を1Vと定義する．よって，V=J・C^{-1}である．

電気抵抗の値は導線の形状に依存するので，物質の物性を表す値としては不適当であり，代わりに用いられるのが**電気抵抗率**（electric resistivity）である．

図5.1　円筒形の導線

第5章 電気伝導

実験から,導線の抵抗は長さLに比例し,断面積Sに反比例することがわかっている.すなわち,

$$R = \rho \frac{L}{S} \tag{5.2}$$

が成り立つ.この式のρが電気抵抗率である.抵抗率の単位は,Ω·cmやΩ·mである(1 Ω·m = 100 Ω·cm).代表的な物質の電気抵抗率を**表5.1**に示した.

単位面積あたりの電流を**電流密度**(electric current density)とよび,記号Jで表す.すなわち,

$$J = \frac{I}{S} \tag{5.3}$$

である.電流密度の単位はA·cm^{-2}やA·m^{-2}である.電場をEとすると$E = V/L$であるので,式(5.1),(5.2),(5.3)から,

$$E = \rho J \tag{5.4}$$

が成り立つ.電流密度や電場はベクトル量であるから,一般には,

$$\boldsymbol{E} = \rho \boldsymbol{J} \tag{5.5}$$

となる.これはオームの法則の別表現である.

電気抵抗率の逆数ρ^{-1}を**電気伝導率**(electric conductivity)または**電気伝導度**とよび,記号σで表す.単位はS·cm^{-1}やS·m^{-1}である(1 S·cm^{-1} = 100 S·m^{-1}).

表5.1 室温における電気抵抗率

物質		電気抵抗率(Ω·cm)
金属	銅	1.7×10^{-6}
	金	2.2×10^{-6}
	アルミニウム	2.8×10^{-6}
	鉄	1.0×10^{-6}
半導体	ケイ素	$10^{-3} \sim 10^{6}$
	導電性高分子	$10^{-3} \sim 10^{5}$
絶縁体	ガラス	$10^{10} \sim 10^{17}$
	ナイロン	$10^{12} \sim 10^{15}$

● コラム 5.1　　電気抵抗率の測定法 —— 2 端子法と 4 端子法

電気抵抗率の大きな試料は 2 端子法で，小さな試料は 4 端子法で測定する．2 端子法では，試料に 2 本の Pt 線などを導電性ペースト（銀ペーストまたはグラファイトペースト）でつけて，定電流を流して電位差を測定する．測定は，電流値とその極性（±）を変えて行う．電流 – 電圧（I–V）特性が原点を通る直線となれば，オームの法則が成り立ち，傾きから抵抗を求めることができる．試料と Pt 線の間には接触抵抗があるので，抵抗率の小さな試料の抵抗を 2 端子法で測定すると誤差が大きくなってしまう．そのために用いられるのが 4 端子法で，4 端子法では試料に 4 本の Pt 線をつける．外側の 2 本の間に定電流を流して，内側の 2 本の電極で電位差を測定する．また，2 端子法と同じく電流値と極性を変えて測定する．I–V 特性が原点を通る直線となれば，オームの法則が成り立ち，傾きから抵抗を求めることができる．

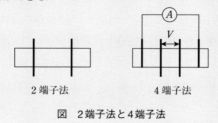

2 端子法　　　　4 端子法

図　2 端子法と 4 端子法

S はジーメンスという単位であり，$S = \Omega^{-1}$ である．電気伝導率を用いると，式 (5.5) は，次のようになる．

$$\boldsymbol{J} = \sigma \boldsymbol{E} \tag{5.6}$$

例題 5.1　幅 1.0 mm，厚さ 120 μm で，長さ 4.0 mm の導電性高分子試料の抵抗が 150 Ω であったとする．この導電性高分子の電気抵抗率と電気伝導率を計算しなさい．

［解答例］

断面積 $S = 1.0 \times 10^{-3}$ m $\times$ 120×10^{-6} m $= 1.2 \times 10^{-7}$ m^2

式 (5.2) より，電気抵抗率は

$$\rho = \frac{1.2 \times 10^{-7} \text{ m}^2}{4.0 \times 10^{-3} \text{ m}} \times 150 \text{ }\Omega = 4.5 \times 10^{-3} \text{ }\Omega\cdot\text{m} = 4.5 \times 10^{-1} \text{ }\Omega\cdot\text{cm}$$

である．電気伝導率は，電気抵抗率の逆数であるから

$$\sigma = \frac{1}{4.5 \times 10^{-1} \text{ }\Omega\cdot\text{cm}} \approx 2.2 \text{ S}\cdot\text{cm}^{-1}$$

である．

太陽電池などの光を透過する必要のあるデバイスや発光素子などの光を取り出すことを目的としたデバイスでは，一方あるいは両方の電極が透明である必要があり，そのような場合の透明電極としては，インジウム・スズ酸化物（indium-tin oxide, ITO）が使用されることが多い．ガラス基板表面にスパッタ法でITOの薄膜を成膜して使用する．このような薄膜の電気抵抗を表すには，**シート抵抗**（sheet resistance）R_s とよばれる量が使用される．**図5.2**に示すような厚さがt，幅がW，長さがLである薄膜の場合，式(5.2)は

$$R = \rho \frac{L}{S} = \rho \frac{L}{tW}$$

となる．ここで，シート抵抗を

$$R_s = \frac{\rho}{t} \tag{5.7}$$

と定義すると

$$R = \rho \frac{L}{S} = R_s \frac{L}{W} \tag{5.8}$$

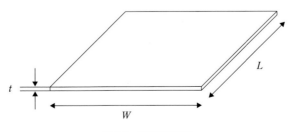

図5.2 薄膜の寸法

> **● コラム 5.2　　スパッタ法**
>
> 　金属や酸化物などの薄膜を作製する方法の一つである．放電プラズマを発生させて，目的物質（ターゲット）にイオンを照射すると，ターゲットの表面から原子・分子が飛び出して，付近に設置した基板の上に堆積して薄膜を形成する．加熱蒸着し難い高融点材料や合金などでも薄膜を作製することができる．

が成り立つ．シート抵抗の単位はΩであり，抵抗と同じである．しかしながら，通常の抵抗と区別するために，慣例として，Ω/□またはΩ/sq.（ohm per square）などの単位が使われている．

　電流や電気伝導率，電気抵抗率という量をミクロな視点から考えてみよう．電荷を運ぶ粒子を**電流担体**あるいは**キャリア**（carrier）とよぶ．後述するが，キャリアには電子だけでなく，ホールもある．いま，電荷 q のキャリアが密度 n で均一に分布している導線を考える．金属であるからキャリアは電子である．電圧がかかっておらず電場がない場合，この導線の中の電子は温度により決まる速度で格子（陽イオン）と衝突し，乱雑な運動（ブラウン運動）をしている．このような運動には方向がないので，平均速度はゼロである．電圧がかかって電場がある場合には，電子は電場から力を受けて速度が速くなる．この速度をドリフト速度とよぶ．ドリフト速度は，格子との衝突により，定常的な流れとなったときのキャリアの平均速度であり，$\langle v \rangle$ と表される．時間 Δt の間に面積 ΔS を通過する電荷の総量は，**図 5.3** に示したように，時間 Δt の間に面積 ΔS が移動する空間の体積に含まれる電荷の総量 $\Delta S \times \langle v \rangle \Delta t \times n \times q$ と等しい．電流密度 $\boldsymbol{J}$ は単位面積あたりの電流であるから，これを Δt と ΔS で割ることで

$$\boldsymbol{J} = qn\langle \boldsymbol{v} \rangle \tag{5.9}$$

が得られる．キャリアの平均速度と電場の間の関係は次の式で表される．

$$\langle \boldsymbol{v} \rangle = \mu \boldsymbol{E} \tag{5.10}$$

ここで，μ はキャリアの**移動度**（mobility）であり，電場の中でのキャリアの動きやすさを表す量である．移動度は正の値として定義され，その単位は $m^2 \cdot V^{-1} \cdot s^{-1}$ や $cm^2 \cdot V^{-1} \cdot s^{-1}$ である（$1\ m^2 \cdot V^{-1} \cdot s^{-1} = 10^4\ cm^2 \cdot V^{-1} \cdot s^{-1}$）．実験的には

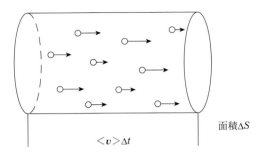

図5.3 電場下でのキャリアの運動

表5.2 移動度

物質	電子 （cm^2・V^{-1}・s^{-1}）	ホール （cm^2・V^{-1}・s^{-1}）
ダイヤモンド結晶	1800	1200
Si結晶	1350	480
Ge結晶	3900	1900
GaAs結晶	8000	300
ナフタレン結晶（a軸，b軸，c軸）	0.94, 1.48, 0.32	0.62, 0.64, 0.44
ペンタセン薄膜	2.7×10^{-5}	2.4
位置規則性ポリ（3-ヘキシルチオフェン）	6×10^{-4}	0.1

Time-of-flight法により移動度を決めることができる．移動度は半導体の性質を表す際に重要な物理量である．**表5.2**に無機半導体と有機半導体の移動度を示した．結晶では，結晶軸（第2章を参照）の方向に沿った移動度を測定することができる．ナフタレン結晶のデータからわかるように，結晶軸により移動度の値が異なっている．それは，分子の空間的な配置によりキャリアの流れやすさが違うからである．

式(5.9)に式(5.10)を代入すると

$$J = qn\mu E \tag{5.11}$$

となる．この式を式(5.6)と比較すると

$$\sigma = qn\mu \tag{5.12}$$

コラム 5.3　半導体のキャリア移動度の測定法 —— Time-of-flight（TOF）法

　Time-of-flight 法は，半導体に対して電圧をかけながら吸収帯の波長のパルスレーザー光を照射し，そのときの電流の変化から，キャリアの移動度を求める手法である．具体的には，半導体の厚い膜（膜厚 d）を透明電極と対極で挟んだサンドイッチ型のセルを作製し，このサンドイッチ型セルに電圧 V をかけながら，透明電極側からパルスレーザー光を照射して，電流の時間変化をオシロスコープを用いて測定する．電流の変化から，キャリアが電極間を移動する**通過時間**（transit time）t_T を決定し，移動度を求める．印加電圧の極性により，正キャリアと負キャリアの移動度を求めることが可能である．

　電場 E におけるキャリアの移動速度 v は，移動度を用いて，次式で表される．

$$v = \mu E = \mu \frac{V}{d}$$

移動時間 t_T は

$$t_T = \frac{d}{v} = \frac{d}{\mu E} = \frac{d^2}{\mu V}$$

となり，移動度は，次式から求めることができる．

$$\mu = \frac{d}{t_T E} = \frac{d^2}{t_T V}$$

図　Time-of-flight 法の模式図

を得る．この式は，金属だけでなく半導体でも成り立つ重要な式である．

5.2 自由電子の電気伝導

　ここでは自由電子モデルに基づいて，金属の電気抵抗率を考察する．電子を電荷$q=-e$をもつ粒子として考える．ここで，電子の質量には周期的ポテンシャルの効果を含む**有効質量**（effective mass）を用いる．有効質量は真空中の電子の質量（静止質量）とは異なっており，m^*と表される．電子の密度はnとする．電子の平均速度$\langle v \rangle$は次の運動方程式に従うと考える．

$$m^* \frac{\mathrm{d}\langle v \rangle}{\mathrm{d}t} = -e\boldsymbol{E} - \frac{m^*}{\tau}\langle v \rangle \tag{5.13}$$

ここで，右辺の第1項は電場の中で電荷が受ける静電的な力である．第2項は摩擦力のようなもので，結晶の中を電子が移動する際の，その移動を妨げる力を表している．このような現象は「電子が散乱される」と表現され，τを散乱の**緩和時間**（relaxation time）という．τは電子がある散乱体から次の散乱体に衝突するまでの平均時間を表しており，散乱の効果が大きいほどτは小さい．電子の散乱が生じる原因は，(1)格子欠陥や不純物，(2)有限温度における格子（陽イオン）の振動運動（フォノン）である．不思議に思われるかもしれないが，完全な結晶構造（絶対零度）は電子の運動を妨げない．

　試料に電場をかけてから十分長い時間が経過すると，電場からの力と散乱の効果がつりあって電子の平均速度は一定となり，定常電流が流れる．そこで，$\mathrm{d}\langle v \rangle/\mathrm{d}t = 0$とすると，

$$\langle v \rangle = -\frac{e\tau}{m^*}\boldsymbol{E} \tag{5.14}$$

を得る．そのため式(5.10)から，電子移動度μは

$$\mu = \frac{e\tau}{m^*} \tag{5.15}$$

となる．金属では，電子の移動度は数十$\mathrm{cm}^2\cdot\mathrm{V}^{-1}\mathrm{s}^{-1}$である．また金属では，キャリアとなる電子の有効質量は，静止質量とほとんど同じである．

　式(5.11)と(5.15)から

$$J = \frac{e^2 n \tau}{m^*} E \tag{5.16}$$

となる．したがって，式(5.5)，(5.6)から

$$\sigma = \frac{e^2 n \tau}{m^*} \tag{5.17}$$

$$\rho = \frac{m^*}{e^2 n \tau} \tag{5.18}$$

が得られる.

　金属の電気抵抗率の温度変化を測定すると，温度とともに抵抗は小さくなるが，0Kに外挿してもゼロにはならず，ある有限な値を示す．この温度変化の様子を**図5.4**に模式的に示した．電気抵抗率の温度に依存する部分を$\rho_L(T)$, 温度に依存しない部分をρ_Rとすると, 電気抵抗率$\rho(T)$は

$$\rho(T) = \rho_R + \rho_L(T) \tag{5.19}$$

と表される．ρ_Rは**残留抵抗**（residual resistivity）とよばれ，純度が高い試料ほど，その値は小さい．電気抵抗率の式(5.18)のパラメーターのうち，キャリアの密度nと有効質量m^*は温度では変化しない．温度に依存するのはτである. 先述のように, キャリアは格子欠陥や不純物およびフォノンにより散乱される．フォノンの振幅は温度に依存するので，フォノンによる散乱時間τ_Lは温度に依存し，格子欠陥や不純物による散乱時間τ_Rは温度に依存しない．これら2つ

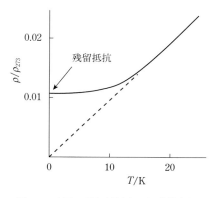

図5.4　金属の電気抵抗率の温度依存性

の散乱過程は独立である．そのため，緩和時間τは以下のように表すことができる．

$$\frac{1}{\tau} = \frac{1}{\tau_R} + \frac{1}{\tau_L(T)} \tag{5.20}$$

式(5.19)のように，互いに独立な散乱過程の和によって電気抵抗率が表されることを，**マティーセンの規則**（Matthiessen rule）とよぶ．

例題5.2 Cuの電気抵抗率は1.7×10^{-8} Ω·mであり，電子密度は8.4×10^{28} m^{-3}である．Cuにおける電子の移動度と緩和時間を計算しなさい．ただし，電子の有効質量は静止質量と同じとする．また，半径1 mmの導線に1 Aの電流が流れているときの電子の平均速度を求めなさい．

[解答例]

$$\mu = \frac{1}{\rho q n} = \frac{1}{1.7 \times 10^{-8}\,\Omega\cdot m \times 1.60 \times 10^{-19}\,C \times 8.4 \times 10^{28}\,m^{-3}}$$
$$= 4.37\cdots \times 10^{-3}\,m^2\cdot V^{-1}\cdot s^{-1} \approx 4.4 \times 10^{-3}\,m^2\cdot V^{-1}\cdot s^{-1} = 4.4 \times 10\,cm^2\cdot V^{-1}\cdot s^{-1}$$

ここで，単位については$\Omega = V\cdot A^{-1} = V\cdot C^{-1}\cdot s$である．

$$\tau = \frac{m\mu}{e} \approx 2.5 \times 10^{-14}\,s$$

$$\langle v \rangle = \frac{J}{en} \approx 2.4 \times 10^{-5}\,m\cdot s^{-1}$$

5.3 結晶中の電気伝導

第1章で，電子は波動・粒子の二重性を示すことを記述した．エネルギー（$\hbar\omega$）と運動量（$\hbar k$）が決まっている電子の波動性は平面波$e^{i(kx-\omega t)}$で記述されるが，エネルギーと時間，運動量と位置の間に成り立つ不確定性原理から，粒子として存在する時間と位置はまったく決まらない．そこで，電子の波動性については，エネルギー（ω）と運動量（k）にある程度の広がりをもった波の重ね合わせを考える必要がある．いくつかの波を重ね合わせたものを**波束**（wave packet）という．波束の概念図を**図5.5**に示した．波束を用いることで不確定

性原理に従う,運動量と位置,エネルギーと時間にある程度広がりをもった結晶中の電子を表すことができる.

ここでは波束を理解するための例として,角振動数がωおよび波数がkである波$e^{i(kx-\omega t)}$から角振動数,波数ともにわずかに異なる2つの平面波φ_1とφ_2

$$\varphi_1 = Ce^{i[(k-\Delta k)x-(\omega-\Delta\omega)t]} \tag{5.21}$$

$$\varphi_2 = Ce^{i[(k+\Delta k)x-(\omega+\Delta\omega)t]} \tag{5.22}$$

の重ね合わせ(合成波)を考える.この2つの波の合成波は

$$\varphi_1 + \varphi_2 = 2C\cos(\Delta k \cdot x - \Delta\omega \cdot t)e^{i(kx-\omega t)} \tag{5.23}$$

となる.この合成波は,図5.6に示したように,$e^{i(kx-\omega t)}$の振幅が変化したものとなり,合成波の包絡線は長い周期で変化する$\cos(\Delta k\cdot x-\Delta\omega\cdot t)$で与えられる.

ここで,波の速さは,

$$v = \frac{\omega}{k} \tag{5.24}$$

である.一方,合成波については,振幅が最大の点すなわち波束の中心が時刻tでxにあり,時刻t'でx'に移動したとすると,$\Delta k\cdot x-\Delta\omega\cdot t=0$および$\Delta k\cdot x'-\Delta\omega\cdot t'=0$であるから,合成波(波束の中心)の速度$v_g$は

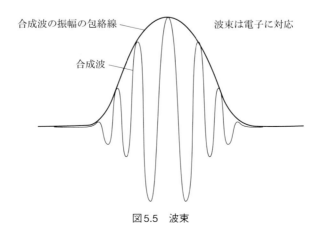

図5.5 波束

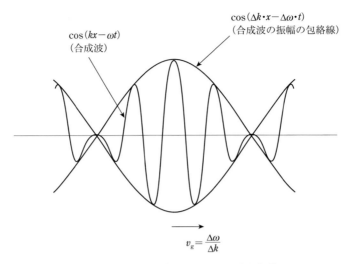

図5.6　2つの平面波の重ね合わせ（合成波）

$$v_\text{g} = \frac{x' - x}{t' - t} = \frac{\Delta\omega}{\Delta k} \tag{5.25}$$

となる．したがって，v_g は次の式で定義される．

$$v_\text{g} = \frac{\text{d}\omega}{\text{d}k} \tag{5.26}$$

波の速さ v を**位相速度**（phase velocity）とよび，波束の速さ v_g を**群速度**（group velocity）とよぶ．波の角振動数の k 依存性（これを分散関係という），すなわち $\omega(k)$ が与えられるとき，$\omega(k)$ 上の点と原点を結んだ線分の傾きが位相速度で，この点における微分（傾き）が群速度である．位相速度と群速度が異なる原因は，ω が k に比例せず，位相速度が波数（角振動数）によって異なるからである．

　結晶中の電子は波束としてふるまう．よって，結晶中の電子の速度は式(5.26)で与えられる群速度で表される．ここからは群速度をベクトルとして考察する．式(5.26)に $\varepsilon = \hbar\omega$ を代入すると

$$\boldsymbol{v}_\text{g} = \frac{1}{\hbar} \frac{\text{d}\varepsilon}{\text{d}\boldsymbol{k}} \tag{5.27}$$

となる．この式は，ε の k 依存性 $\varepsilon(k)$ が決まれば，$\boldsymbol{v}_\text{g}$ が求められることを示している．

さらに v_g を時間で微分すると，

$$\frac{dv_g}{dt} = \frac{1}{\hbar}\frac{d^2\varepsilon}{dk\,dt} = \frac{1}{\hbar}\left(\frac{\partial^2 \varepsilon}{\partial k_i \partial k_j}\frac{dk}{dt}\right) \quad (i,j = x,y,z) \tag{5.28}$$

となる．

一方，電子に外力 F がかかったとき，外力 F と波数ベクトル k の間には，以下の関係が成り立つ．

$$F = \hbar \frac{dk}{dt} \tag{5.29}$$

上式の右辺は，運動量 $p = \hbar k$ を時間で微分したものであり，式(5.29)は結晶中の電子の運動方程式である．

式(5.28)を変形して得られる dk/dt を式(5.29)に代入すると

$$F = \hbar \frac{dk}{dt} = \frac{\hbar^2}{\left(\dfrac{\partial^2 \varepsilon}{\partial k_i \partial k_j}\right)}\frac{dv_g}{dt} \quad (i,j=x,y,z) \tag{5.30}$$

となる．式の形をみればわかるように，最右辺の係数は結晶中の電子の運動方程式における質量の役割を果たしている．これが有効質量 m_{ij}^* であり，式としては以下のようになる．

$$m_{ij}^* = \frac{\hbar^2}{\left(\dfrac{\partial^2 \varepsilon}{\partial k_i \partial k_j}\right)} \quad (i,j=x,y,z) \tag{5.31}$$

有効質量は，力のベクトルと加速度のベクトルの間の関係を表しており，一般には3×3行列で表されるが，等方的な物質では

$$m^* = \frac{\hbar^2}{\left(\dfrac{d^2\varepsilon}{dk^2}\right)} \tag{5.32}$$

となる．有効質量は，$\varepsilon(k)$ の二次微分に依存する．

例題5.3 自由電子の軌道エネルギーは，

$$\varepsilon = \frac{\hbar^2}{2m}k^2 \tag{5.33}$$

と表される．群速度と有効質量を求め，k に対して図示しなさい．

[解答例]

式(5.27)と式(5.32)を用いて計算すると，次式のようになる．

$$v_\mathrm{g} = \frac{1}{\hbar}\frac{d\varepsilon}{dk} = \frac{1}{\hbar} \times \frac{\hbar^2}{2m} \times 2k = \frac{\hbar k}{m} \tag{5.34}$$

$$m^* = \frac{\hbar^2}{\left(\dfrac{d^2\varepsilon}{dk^2}\right)} = \frac{\hbar^2}{\dfrac{\hbar^2}{m}} = m \tag{5.35}$$

群速度はkに比例する．また，有効質量はmで一定の値を示す．**図5.7**に，kに対するε，v_g，m^*のグラフを示した．自由電子では有効質量はkの値によらず一定値をとる．$k=0$の電子に外力を加えると，式(5.29)に従ってこの電子は加速される．kの値が大きくなると，群速度も大きくなる．

例題5.4 結晶中の電子のエネルギーが

$$\varepsilon = \alpha + 2\beta\cos(ka) \tag{5.36}$$

で表されるとする．群速度と有効質量を求め，kに対して図示しなさい．

[解答例]

$$v_\mathrm{g} = \frac{1}{\hbar}\frac{d\varepsilon}{dk} = -\frac{2\beta a}{\hbar}\sin(ka) \tag{5.37}$$

$$m^* = \frac{\hbar^2}{\left(\dfrac{d^2\varepsilon}{dk^2}\right)} = \frac{\hbar^2}{-2\beta a^2\cos(ka)} \tag{5.38}$$

図5.8に，kに対するε，v_g，m^*のグラフを示した．結晶中の電子は，自由電子とはまったく異なる挙動を示す．$k=0$の電子に外力を加えた場合，kの値が大きくなると群速度v_gも大きくなるが，図の点Aで極大値を示し，その後は小さくなり，第1ブリュアン帯域の端でゼロとなる．有効質量m^*も，極大値の前後で，正から負に大きく変化する．このような現象は，電子が格子によりブラッグ反射される効果（第4章で記述したエネルギーバンド形成の原因）によると考えられる．有効質量が負であることは，外力により電子に与えられる運動量よりも，格子から電子へ移る運動量が大きいために，外力とは逆の方向に加速されることを示している．

5.3 結晶中の電気伝導

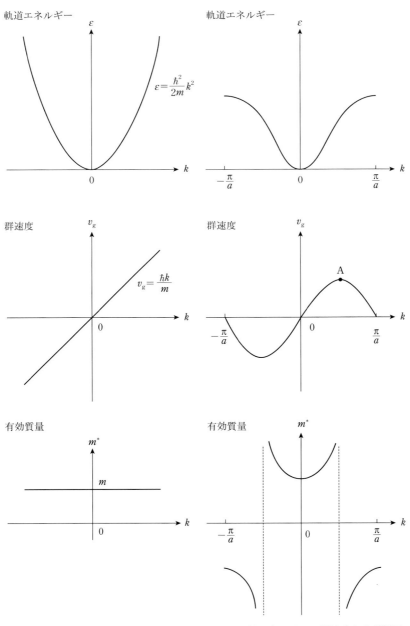

図5.7　自由電子の群速度と有効質量　　図5.8　結晶中の電子の群速度と有効質量

5.4　正孔（ホール）

　絶縁体，金属，真性半導体のバンド構造と電流の関係を考察しよう．電流は，すべての電子に関して，電荷$-e$とその電子の速度$\boldsymbol{v}(\boldsymbol{k})$との積の和で表されるので，次の式となる．

$$\boldsymbol{J} = -e \sum_{\boldsymbol{k}, occupied} \boldsymbol{v}(\boldsymbol{k}) \tag{5.39}$$

結晶中では電子の速度は波数ベクトルに依存するので，電流はバンド構造と電子の占有状態に依存する．

　図5.9に絶縁体のエネルギーバンドを模式的に示した．バンドは$k=0$の直線に対して対称である．下のバンドはすべて電子で占有されており，上のバンドはすべて空である．バンドギャップは大きく，電子は熱的には下のバンドから上のバンドに励起されない．このように，バンドが完全に満たされていると，外部から試料に電圧（電場）がかかったときに，電子全体として状態の変化が起こらない．つまり，速度$\boldsymbol{v}$と$-\boldsymbol{v}$をもつ電子が同数あり，全体として電流は流れない．

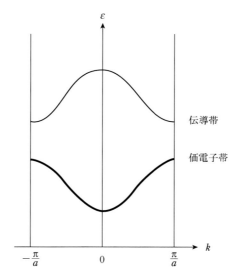

図5.9　絶縁体に電場がかかった状態

5.4 正孔（ホール）

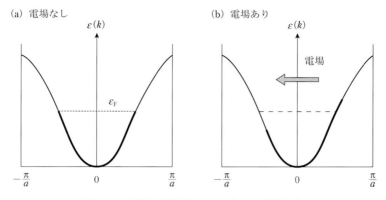

図5.10　金属に電場がかかったときの状態変化

　金属では，図5.10に示したように，半充満帯が存在する．電子が占有されているエネルギー準位のうち，もっとも高いエネルギー準位のすぐ上にもエネルギー状態が多く存在しているため，外部から試料に電場がかかったとき，電子はそれらのエネルギー準位に励起される．その結果，占有電子の分布が非対称となり，電流がゼロでなくなる．すなわち，電流が流れる．

　真性半導体では，構造は絶縁体と同様であるが，エネルギーギャップが小さく，熱により下のバンド（価電子帯）の電子が，上のバンド（伝導帯）へ容易に励起される．したがって，室温では，上のバンドの一部は電子で占有されている．いま，1次元系の真性半導体において，図5.11に示したように，$k=k'$の1個の電子が価電子帯から伝導帯へ励起されている場合を考えよう．価電子帯の電子による電流は

$$J = -e \sum_{k \neq k'} v(k) \tag{5.40}$$

と表される．価電子帯がすべて電子で占有されている場合には，

$$J' = -e \sum_{k, occupied} v(k) = -e \left[\sum_{k \neq k'} v(k) + v(k') \right] = 0 \tag{5.41}$$

であるから，式(5.40)は

$$J = -e \sum_{k \neq k'} v(k) = ev(k') \tag{5.42}$$

となる．この式が表しているのは，$+e$の電荷をもった粒子が$v(k')$の速度で

101

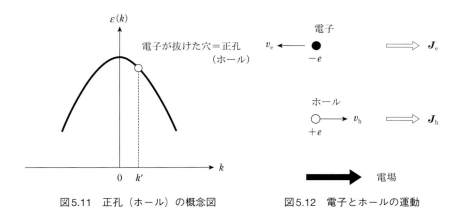

図5.11　正孔（ホール）の概念図　　図5.12　電子とホールの運動

動くことにより生じる電流密度である．したがって，**図5.12**に示したように，電子の抜けた穴は，電子と同じ速度で動く$+e$の正電荷をもった粒子として取り扱うことができる．この粒子を**正孔**あるいは**ホール**（hole）とよぶ．

完全に満たされたバンドにある全電子の波数ベクトルの和は0である．そのため，波数ベクトルk'の軌道から電子が抜けた場合，残りの全電子の波数ベクトルの和は$-k'$で，これがホールの波数となる．抜けた電子とホールを表す添え字をそれぞれeとhとすると，波数ベクトルk_eとk_h，エネルギーε_eとε_h，速度v_eとv_h，有効質量m_e^*とm_h^*の間には，以下の関係がある．

$$\boldsymbol{k}_h = -\boldsymbol{k}_e, \quad \varepsilon_h(\boldsymbol{k}_h) = -\varepsilon_e(\boldsymbol{k}_e), \quad \boldsymbol{v}_h(\boldsymbol{k}_h) = \boldsymbol{v}_e(\boldsymbol{k}_e), \quad m_h^* = -m_e^* \quad (5.42)$$

金属では電子がキャリアであるが，半導体では電子だけでなくホールもキャリアとなる．したがって，ドリフト速度は，電子とホールのそれぞれに対する移動度μ_e, μ_hを用いて，

$$\langle \boldsymbol{v}_e \rangle = -\mu_e \boldsymbol{E} \quad (5.43)$$

$$\langle \boldsymbol{v}_h \rangle = \mu_h \boldsymbol{E} \quad (5.44)$$

と表され，電気伝導率は，電子とホールの寄与を合わせて

$$\sigma = ne\mu_e + pe\mu_h \quad (5.45)$$

となる.ここで,nとpは,それぞれ電子とホールの密度である.

5.5 薄膜における電気伝導

金属において,キャリアである自由電子の密度は10^{23} cm^{-3}程度である.一方,有機真性半導体薄膜では,0 Kではキャリアは存在せず,室温においてもキャリア密度は小さい.このような物質ではオームの法則が成り立たず,チャイルド則とよばれる電圧と電流の関係が得られる.この電流は**空間電荷制限電流**(space-charge-limited current, SCLC)とよばれている.

いま,熱励起によるキャリア生成が無視できる真性半導体の薄膜を考える.**図5.13**に示したように,厚さdの薄膜試料に対して接触抵抗なしで電極を両側につけて,電極間に電圧Vをかける.簡単のため,一方の電極からキャリアが注入されて,対極に移動するとする.また,電極間の方向をxとする.注入されたキャリアは,試料の抵抗が大きく流れにくいので,電極の近くに存在し,電場の大きさに影響を及ぼす.試料の誘電率をεとすると,このキャリアのもつ電荷qによる電場Eは,次の関係式を満たす.

$$\frac{dE}{dx} = \frac{qn}{\varepsilon} \tag{5.46}$$

この式に,電流密度$J = nq\mu E$(式(5.11))を変形して得られるnを代入すると

$$\frac{dE}{dx} = \frac{qn}{\varepsilon} = \frac{J}{\varepsilon\mu E} \tag{5.47}$$

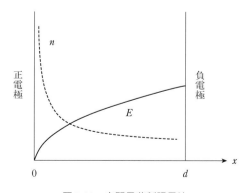

図5.13 空間電荷制限電流

第5章 電気伝導

となり，これを積分して，$x=0$ で $E=0$ の境界条件を用いると

$$E = \sqrt{\frac{2Jx}{\varepsilon\mu}} \tag{5.48}$$

となる．電極間の電位差は電場の積分であるから，

$$V = \int_0^d E\mathrm{d}x = \sqrt{\frac{2J}{\varepsilon\mu}} \times \frac{2}{3} d^{3/2} \tag{5.49}$$

となり，これを J について解くと，

$$J_{\mathrm{SCLC}} = \frac{9}{8} \varepsilon\mu \frac{V^2}{d^3} = \frac{9}{8} \varepsilon_\mathrm{r}\varepsilon_0 \mu \frac{V^2}{d^3} \tag{5.50}$$

が得られる．ここで，ε_r と ε_0 は，それぞれ試料の比誘電率と真空の誘電率である（$\varepsilon = \varepsilon_\mathrm{r}\varepsilon_0$）．式(5.50)の関係はチャイルド則とよばれる．式(5.50)中にはキャリア密度が現れていないことに注目してほしい．薄膜では，電流を決める要因は，キャリアの移動度と膜厚である．したがって，キャリア密度が小さな有機半導体でも，膜厚が薄くて，移動度が大きな物質では，それなりに大きな電流を流すことができる．

例題5.5 有機発光ダイオードなどの有機デバイスでは，活性層として有機薄膜が使用されている．真空の誘電率を 8.85×10^{-12} F・m^{-1}（F=C・V^{-1}），有機層の比誘電率を2.5，膜厚を100 nm，キャリア移動度を 1.0×10^{-3} cm^2・V^{-1}・s^{-1}，電圧を5.0 V として，流れる電流の値を計算しなさい．

[解答例]

$$\begin{aligned}
J &= \frac{9}{8} \times 2.5 \times 8.85\times10^{-12}\,\mathrm{F\cdot m^{-1}} \times 1.0\times10^{-3}\,\mathrm{cm^2\cdot V^{-1}\cdot s^{-1}} \times \frac{(5.0\,\mathrm{V})^2}{(100\,\mathrm{nm})^3} \\
&= \frac{9\times2.5\times8.85\times10^{-14}\,\mathrm{F\cdot cm^{-1}} \times 1.0\times10^{-3}\,\mathrm{cm^2\cdot V^{-1}\cdot s^{-1}} \times 25\,\mathrm{V^2}}{8\times(10^{-5}\,\mathrm{cm})^3} \\
&= \frac{9\times2.5\times8.85\times10^{-14}\times1.0\times10^{-3}\times25}{8\times10^{-15}}\,\mathrm{C\cdot V^{-1}\cdot cm^{-1}\cdot cm^2\cdot V^{-1}\cdot s^{-1}\cdot V^2\cdot cm^{-3}} \\
&= \frac{9\times2.5\times8.85\times25}{8}\times10^{-2}\,\mathrm{C\cdot s^{-1}\cdot cm^{-2}} \\
&= 6.22\cdots\mathrm{A\cdot cm^{-2}} \\
&\approx 6.2\,\mathrm{A\cdot cm^{-2}}
\end{aligned}$$

5.5 薄膜における電気伝導

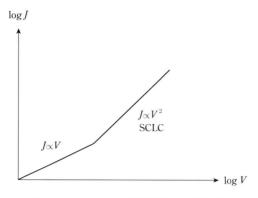

図5.14　ナノタレン薄膜の電流－電圧特性

　結晶性のナフタレン薄膜の電流－電圧特性を**図5.14**に示した．電圧が小さいときには，電流と電圧は比例し，オームの法則が成り立っている．一方，電圧が大きくなると，ある点から電流は電圧の二乗に比例する．この領域は，チャイルド則が当てはまる空間電荷制限電流が流れる領域である．さらに電圧が大きくなると，飽和が観測される．

第5章 電気伝導

❖演習問題

5.1 式(5.1)をもとにして式(5.4)を導きなさい．

5.2 Auの電気抵抗率は$2.2\times10^{-6}\,\Omega\cdot\text{cm}$，電子密度は$5.90\times10^{22}\,\text{cm}^{-3}$である．電子の移動度を計算しなさい．

5.3 膜厚$3.0\,\mu\text{m}$の有機半導体膜のホール移動度をTOF法により測定した．電極間の電場を$1.6\times10^{5}\,\text{V}\cdot\text{cm}^{-1}$に設定したところ，$t_\text{T}$は$2.1\,\mu\text{s}$であった．移動度を求めなさい．

5.4 比誘電率が2.0で，キャリア移動度が$1.0\times10^{-2}\,\text{cm}^2\cdot\text{V}^{-1}\cdot\text{s}^{-1}$の有機薄膜（膜厚$100\,\text{nm}$）に電圧$1.0\,\text{V}$をかけた場合に流れる電流密度を計算しなさい．

第6章　半導体

　半導体の代表といえばシリコンである．パーソナルコンピュータ，タブレットパソコン（パッド），スマートフォンで使用されている集積回路のほとんどはシリコン半導体からなる．一方，近年，有機半導体が使用されている有機ELディスプレイなども実用化された．本章では，無機半導体および有機半導体の特性を理解するために，真性半導体のバンド構造とキャリア密度について学び，さらに，「ドーピング」によるキャリア数の増加および電子状態の制御機構について学ぶ．無機半導体と有機半導体では，ドーピングの物理的・化学的な意味が異なり，ドーピングで生じる電子状態も異なる．

6.1　真性半導体

　半導体中の電子の性質はエネルギーバンド構造に基づくバンド理論により説明される．真性半導体のエネルギーバンド構造を**図6.1**に模式的に示した．図6.1(a)と(b)に示すように，バンド構造には大きく2種類があり，価電子帯の最高エネルギーと伝導帯の最低エネルギーが同じ波数kにあるものを**直接ギャップ半導体**（direct gap semiconductor）とよび，2つのエネルギーが異なる波数kにあるものを**間接ギャップ半導体**（indirect gap semiconductor）とよぶ．インジウムアンチモン（InSb），インジウムヒ素（InAs），ガリウムヒ素（GaAs）などは直接ギャップ半導体であり，シリコン（Si），ゲルマニウム（Ge）などは間接ギャップ半導体である．バンドギャップE_gは，伝導帯のエネルギーの最低値と価電子帯のエネルギーの最高値との差であり，半導体の特性を決める重要な値である．代表的な無機半導体のバンドギャップを**表6.1**に示した．
　直接ギャップ半導体と間接ギャップ半導体のバンド構造の違いは，光吸収スペクトルに現れる．価電子帯の電子が伝導帯に励起することを光学遷移という．直接ギャップ半導体の光学遷移では，1個の光子が吸収されると，価電子帯の電子1個が伝導帯へ遷移する．すなわち，光学遷移により1つの電子と1つの

第6章 半導体

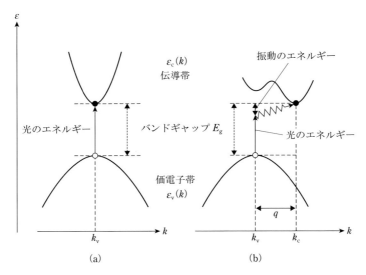

図6.1 (a)直接ギャップ半導体と(b)間接ギャップ半導体のバンド構造と光学遷移

表6.1 半導体のバンドギャップ

結晶	ギャップ	E_g/eV
Si	間接ギャップ	1.11
Ge	間接ギャップ	0.66
GaAs	直接ギャップ	1.43
InSb	直接ギャップ	0.17
PbS	直接ギャップ	0.35

ホールが生成する．この過程を**直接吸収過程**（direct absorption process）とよぶ．直接吸収遷移の前後では，価電子帯と伝導帯の電子の波数をそれぞれk_vとk_cとしたとき，光学遷移した電子について次の運動量の保存則が成り立たなければならない．

$$k_c = k_v \tag{6.1}$$

すなわち，エネルギーバンド図において，遷移はk軸に対して垂直に起こる．よって，光のエネルギーをEとすると，次の式が成り立つ．

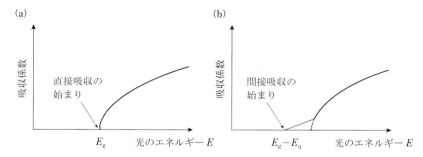

図6.2 (a)直接ギャップ半導体，(b)間接ギャップ半導体の光吸収スペクトル

$$E = \varepsilon_c(k_c) - \varepsilon_v(k_v) \tag{6.2}$$

吸収スペクトルを図6.2(a)に模式的に示した．バンドギャップエネルギー E_g から，吸収係数が急峻に立ち上がる．

間接ギャップ半導体の光学遷移では，1個の光子が吸収される際に，振動が関与して，価電子帯の電子1個が伝導帯に遷移する．これを**間接吸収過程**（indirect absorption process）とよぶ．この振動の関与が特徴であり，間接吸収遷移の前後では，振動の波数を q としたとき，光学遷移した電子について次の運動量の保存則

$$\boldsymbol{k}_c = \boldsymbol{k}_v \pm \boldsymbol{q} \tag{6.3}$$

が成り立たなければならない．また，振動のエネルギーを E_q とすると，エネルギー保存則から

$$\varepsilon_c(k_c) - \varepsilon_v(k_v) = E \pm E_q \tag{6.4}$$

も成り立つ必要がある．吸収スペクトルを図6.2(b)に模式的に示した．$E_g - E_q$ の位置から徐々に吸収係数が立ち上がる．E_q の値は概ね0.1 eV程度で，E_g（≈1 eV）に比べて小さい．

以下では，直接ギャップ型の真性半導体について，キャリア密度を定量的に計算してみよう．真性半導体では，電子が価電子帯から伝導帯に励起された結果，電子とホールが同じ数だけ生成し，キャリアとして電気伝導に寄与する．

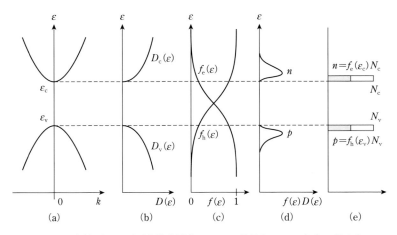

図6.3 直接ギャップ型真性半導体における電子とホール密度の求め方

いま，伝導帯と価電子帯のε–k曲線をそれぞれ

$$伝導帯：\varepsilon = \frac{\hbar^2 k^2}{2m_e^*} + \varepsilon_c \tag{6.5}$$

$$価電子帯：\varepsilon = -\frac{\hbar^2 k^2}{2m_h^*} + \varepsilon_v \tag{6.6}$$

と仮定する．バンド構造を図6.3(a)に示した．伝導帯の底（最小値）と価電子帯の頂上（最大値）の波数は$k=0$とした．第3章において，電子密度は状態密度とフェルミ・ディラック分布関数の積の積分で表されることを記述した．伝導帯と価電子帯の状態密度は，式(3.38)から以下のように表される．

$$D_c(\varepsilon) = \frac{1}{2\pi^2}\left(\frac{2m_e^*}{\hbar^2}\right)^{3/2}\sqrt{\varepsilon - \varepsilon_c} = \frac{\sqrt{2}m_e^{*3/2}}{\pi^2 \hbar^3}\sqrt{\varepsilon - \varepsilon_c} \tag{6.7}$$

$$D_v(\varepsilon) = \frac{1}{2\pi^2}\left(\frac{2m_h^*}{\hbar^2}\right)^{3/2}\sqrt{\varepsilon_v - \varepsilon} = \frac{\sqrt{2}m_h^{*3/2}}{\pi^2 \hbar^3}\sqrt{\varepsilon_v - \varepsilon} \tag{6.8}$$

図6.3(b)には状態密度の，図6.3(c)には電子とホールの分布関数のグラフを示した．金属では電子密度が$10^{23}\,\mathrm{cm}^{-3}$と大きく，フェルミエネルギーは数eV，フェルミ温度T_Fは数万度であり，室温では$T \ll T_F$が成り立つ．これに対して半導体では，伝導帯に励起されている電子の密度は$10^{12} \sim 10^{18}\,\mathrm{cm}^{-3}$と非常に小さく，室温では$T \gg T_F$である．このとき，フェルミ・ディラック分布関

数 $f(T,\varepsilon)$ は 1 より非常に小さく，古典的なボルツマン分布で近似できる．すなわち，

$$f_{\mathrm{e}}(T,\varepsilon) = \frac{1}{\mathrm{e}^{(\varepsilon-\varepsilon_{\mathrm{F}})/k_{\mathrm{B}}T}+1} \approx \mathrm{e}^{(\varepsilon_{\mathrm{F}}-\varepsilon)/k_{\mathrm{B}}T} \tag{6.9}$$

となる．この分布関数を使うと，電子密度 n は，

$$n = \int_{\varepsilon_{\mathrm{c}}}^{\infty} D_{\mathrm{c}}(\varepsilon) f_{\mathrm{e}}(T,\varepsilon) \mathrm{d}\varepsilon = \int_{\varepsilon_{\mathrm{c}}}^{\infty} \left(\frac{\sqrt{2}m_{\mathrm{e}}^{*3/2}}{\pi^2 \hbar^3} \sqrt{\varepsilon-\varepsilon_{\mathrm{c}}} \right) \mathrm{e}^{(\varepsilon_{\mathrm{F}}-\varepsilon)/k_{\mathrm{B}}T} \mathrm{d}\varepsilon \tag{6.10}$$

と表される．式(6.10)を計算すると，

$$n = N_{\mathrm{c}}(T) \mathrm{e}^{(\varepsilon_{\mathrm{F}}-\varepsilon_{\mathrm{c}})/k_{\mathrm{B}}T} \tag{6.11}$$

となる．ただし，

$$N_{\mathrm{c}}(T) = 2 \left(\frac{m_{\mathrm{e}}^* k_{\mathrm{B}} T}{2\pi \hbar^2} \right)^{3/2} = 2 \left(\frac{2\pi m_{\mathrm{e}}^* k_{\mathrm{B}} T}{h^2} \right)^{3/2} \tag{6.12}$$

である．**図6.3**(d)に電子密度のグラフを示した．式(6.11)は，エネルギー $\varepsilon = \varepsilon_{\mathrm{c}}$ のところに $N_{\mathrm{c}}(T)$ の**有効状態密度**（effective density of states）が集中しているかのように考えて伝導帯の電子密度が計算できることを示している．またこの式から，電子密度は温度とフェルミ準位に依存することがわかる．この様子を示したのが**図6.3**(e)である．

一方，ホールがエネルギー ε の状態を占める確率は，電子が存在しない確率に等しいから，

$$f_{\mathrm{h}}(T,\varepsilon) = 1 - f_{\mathrm{e}}(T,\varepsilon) = \frac{1}{\mathrm{e}^{(\varepsilon_{\mathrm{F}}-\varepsilon)/k_{\mathrm{B}}T}+1} \tag{6.13}$$

である．上で述べたことと同様に，ホールの分布関数もボルツマン分布で近似することができるので，

$$f_{\mathrm{h}}(T,\varepsilon) \approx \mathrm{e}^{(\varepsilon-\varepsilon_{\mathrm{F}})/k_{\mathrm{B}}T} \tag{6.14}$$

となる．したがって，ホールの密度 p は

$$p = \int_{-\infty}^{\varepsilon_{\mathrm{v}}} D_{\mathrm{v}}(\varepsilon) f_{\mathrm{h}}(T,\varepsilon) \mathrm{d}\varepsilon = \int_{-\infty}^{\varepsilon_{\mathrm{v}}} \left(\frac{\sqrt{2}m_{\mathrm{h}}^{*3/2}}{\pi^2 \hbar^3} \sqrt{\varepsilon_{\mathrm{v}}-\varepsilon} \right) \mathrm{e}^{(\varepsilon-\varepsilon_{\mathrm{F}})/k_{\mathrm{B}}T} \mathrm{d}\varepsilon \tag{6.15}$$

と表され，これを積分すると

$$p = N_{\mathrm{v}}(T)\,\mathrm{e}^{(\varepsilon_{\mathrm{v}}-\varepsilon_{\mathrm{F}})/k_{\mathrm{B}}T} \tag{6.16}$$

となる.ただし,

$$N_{\mathrm{v}}(T) = 2\left(\frac{m_{\mathrm{h}}^{*} k_{\mathrm{B}} T}{2\pi\hbar^{2}}\right)^{3/2} = 2\left(\frac{2\pi m_{\mathrm{h}}^{*} k_{\mathrm{B}} T}{h^{2}}\right)^{3/2} \tag{6.17}$$

である.図6.3(e)に示したように,式(6.16)は,エネルギー$\varepsilon = \varepsilon_{\mathrm{v}}$のところに$N_{\mathrm{v}}(T)$の有効状態密度が集中していると考えて価電子帯のホール密度が計算できることを示している.また,ホール密度は,電子密度と同様に,温度とフェルミ準位に依存することがわかる.

真性半導体では,伝導帯の電子密度nと価電子帯のホール密度pは等しい.すなわち,$n = p = n_{\mathrm{i}}$となり,n_{i}は**真性キャリア密度**(intrinsic carrier density)とよばれる.式(6.11)と(6.16)から

$$np = N_{\mathrm{c}}(T) N_{\mathrm{v}}(T)\,\mathrm{e}^{-(\varepsilon_{\mathrm{c}}-\varepsilon_{\mathrm{v}})/k_{\mathrm{B}}T} = N_{\mathrm{c}}(T) N_{\mathrm{v}}(T)\,\mathrm{e}^{-E_{\mathrm{g}}/k_{\mathrm{B}}T} = n_{\mathrm{i}}^{2} \tag{6.18}$$

が成り立つ.ここで,E_{g}はバンドギャップである.この式は,真性半導体だけでなく,不純物半導体についても成り立ち,**質量作用則**(mass action law)とよばれる.真性半導体では,ホール密度と電子密度(正と負のキャリア密度)は等しいので

$$n = p = \sqrt{N_{\mathrm{c}}(T) N_{\mathrm{v}}(T)}\;\mathrm{e}^{-E_{\mathrm{g}}/2k_{\mathrm{B}}T} = n_{\mathrm{i}} \tag{6.19}$$

となる.この式にはフェルミ準位が含まれておらず,代わりにバンドギャップが含まれている.つまり,キャリア密度はバンドギャップに依存する.

また,フェルミ準位では電子密度とホール密度が等しいので,式(6.11)と式(6.16)を等しいとおくと

$$\varepsilon_{\mathrm{F}} = \frac{\varepsilon_{\mathrm{v}} + \varepsilon_{\mathrm{c}}}{2} + \frac{3}{4} k_{\mathrm{B}} T \ln\left(\frac{m_{\mathrm{h}}^{*}}{m_{\mathrm{e}}^{*}}\right) \tag{6.20}$$

となる.右辺の第2項は$m_{\mathrm{e}}^{*} = m_{\mathrm{h}}^{*}$のときゼロとなる.$m_{\mathrm{e}}^{*}$と$m_{\mathrm{h}}^{*}$が異なる場合でも,第1項に比べて小さい.つまり,真性半導体のフェルミ準位はバンドギャップの中央にある.

例題6.1 Siの真性半導体のバンドギャップが1.11 eV,電子とホールの有効質量が電子の静止質量であるとして,27℃における電子とホールの有効状態密度と密度を計算して求めなさい.また,Si半導体の密度を$2.33\,\mathrm{g\cdot cm^{-3}}$,Siの原子量を28.1として,電子とホールの密度をSiの原子数密度と比較しなさい.

[解答例]

電子とホールの有効質量がともに電子の静止質量と等しいので,以下の式が成り立つ.

$$N_\mathrm{v}(300\,\mathrm{K}) = N_\mathrm{c}(300\,\mathrm{K}) = 2\left(\frac{2\pi m_\mathrm{e} k_\mathrm{B} T}{h^2}\right)^{3/2}$$

物理定数を代入して計算すると,

$$2\left(\frac{2\pi m_\mathrm{e} k_\mathrm{B} T}{h^2}\right)^{3/2} = 2\left[\frac{2\pi \times 9.11\times 10^{-31}\,\mathrm{kg}\times 1.38\times 10^{-23}\,\mathrm{J\cdot K^{-1}}\times 300\,\mathrm{K}}{(6.63\times 10^{-34}\,\mathrm{J\cdot s})^2}\right]^{3/2}$$
$$= 2.50\cdots\times 10^{25}\,\mathrm{m^{-3}}$$
$$\approx 2.5\times 10^{25}\,\mathrm{m^{-3}} = 2.5\times 10^{19}\,\mathrm{cm^{-3}}$$

真性半導体では,nとpは等しいので,

$$n = p = N_\mathrm{c}(300\,\mathrm{K})\mathrm{e}^{-E_\mathrm{g}/2k_\mathrm{B}T}$$
$$= 2.50\times 10^{25}\,\mathrm{m^{-3}}\exp\left(-\frac{1.11\times 1.60\times 10^{-19}\,\mathrm{J}}{2\times 1.38\times 10^{-23}\,\mathrm{J\cdot K^{-1}}\times 300\,\mathrm{K}}\right)$$
$$= 1.21\cdots\times 10^{16}\,\mathrm{m^{-3}}$$
$$\approx 1.2\times 10^{16}\,\mathrm{m^{-3}} = 1.2\times 10^{10}\,\mathrm{cm^{-3}}$$

Siの原子数密度dは

$$d = \frac{2.33\,\mathrm{g\cdot cm^{-3}}\times 6.02\times 10^{23}\,\mathrm{mol^{-1}}}{28.1\,\mathrm{g\cdot mol^{-1}}} = 4.99\cdots\times 10^{22}\,\mathrm{cm^{-3}} \approx 5.0\times 10^{22}\,\mathrm{cm^{-3}}$$

次式から,電気伝導に寄与する電子とホールの割合は,非常に少ないことがわかる.

$$\frac{1.2\times 10^{10}}{5.0\times 10^{22}} = 2.4\times 10^{-13}$$

6.2 不純物半導体

シリコンなどの半導体では，物質に含まれる不純物の濃度を極限まで低くして純粋な結晶を得る技術が確立されているが，一方で，不純物の濃度を正確に制御することで，半導体の電気物性を制御する技術も確立されている．不純物から供給された電子やホールをキャリアとする半導体を，**不純物半導体**（impurity semiconductor）とよぶ．不純物には電子を供給する**ドナー**（donor）と電子を受け取る**アクセプター**（acceptor）の2種類がある．

例えば，シリコン（Si）結晶中に5族の元素であるリン（P）原子を添加した場合を考える．P原子の価電子の配置は$(3s)^2(3p)^3$である．P原子がイオン化して$P^+ + e^-$となっていると，P^+の価電子の配置は$(3s)^2(3p)^2$でSiと同じになるので，**図6.4**に模式的に示したように，P^+はSi原子と置き換わることが可能と考えられる．P原子から離れた電子は，クーロン力でP^+イオンに束縛される．この様子を**図6.5**に示した．水素原子をイメージして考えると，負電荷をもつ電子は正電荷をもつP^+原子とクーロン力で相互作用をして，水素原子のような複合体を形成すると予測できる．このような複合体は，電子がP^+原子のまわりを円軌道を描いて回るモデル（ボーアの水素原子モデル）やシュレーディンガー方程式の解として求められる電子のエネルギーと固有関数（軌道）により記述できる．温度が高くなると，電子は束縛から離れて解離し，結晶中すなわち伝導帯を自由に動き回れるようになる．また，エネルギー準位を考えると，**図6.6**に示したように，伝導帯の底から少し低い位置に，水素原子様複

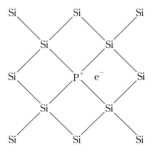

図6.4 PをドーピングしたSi
Siは正四面体構造をとる．

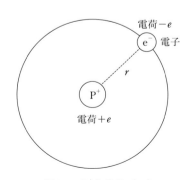

図6.5 P^+と電子（e^-）

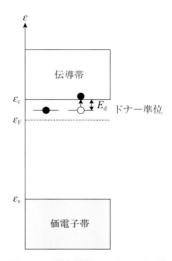

図6.6 n型半導体のエネルギー図

合体のもっとも安定なエネルギー準位が生成する．この準位はドナー準位とよばれ，水素原子の1s軌道の準位に相当する．ドナー準位と伝導帯の底とのエネルギー差E_dは，ドナー準位に束縛された電子の解離エネルギーに相当する．水素原子中の電子とPを添加したシリコン結晶中での電子の違いは，誘電率と電子の有効質量である．シリコンの誘電率をε，比誘電率をε_r，電子の有効質量をm_e^*とすると，ドナー準位は水素原子様複合体の基底状態のエネルギー準位であるから，伝導帯の底を基準としたドナー準位のエネルギーE_dは

$$E_d = -\frac{m_e^* e^4}{2(4\pi\varepsilon)^2 \hbar^2} = -R'_\infty \left(\frac{m_e^*}{m_e}\right)\left(\frac{\varepsilon_0}{\varepsilon}\right)^2 = -R'_\infty \left(\frac{m_e^*}{m_e}\right)\frac{1}{\varepsilon_r^2} \quad (6.21)$$

と表される．ここで，R'_∞は**リュードベリ定数**（Rydberg constant）であり，水素原子のイオン化エネルギーに相当する．よって，E_dはドナーのイオン化エネルギーである．リュードベリ定数は

$$R'_\infty = \frac{m_e e^4}{2(4\pi\varepsilon_0)^2 \hbar^2} \approx 13.6 \text{ eV} \quad (6.22)$$

である．この値を覚えておくと役に立つ．

また，ボーアの水素原子モデルのように，ドナー電子がP^+を中心として回る円運動の軌道半径a_dは

コラム 6.1　水素原子の電子状態

水素原子は，座標の原点に静止する陽子（静止質量 m_p）と，それとクーロン力で相互作用している電子（静止質量 m_e）から構成される．水素原子のシュレーディンガー方程式は，ポテンシャルエネルギーの項にクーロンポテンシャルエネルギーを入れて

$$\left(-\frac{\hbar^2}{2m_\mathrm{e}}\nabla^2 - \frac{e^2}{4\pi\varepsilon_0 r}\right)\psi = E\psi$$

と表される．シュレーディンガー方程式を解くと，電子エネルギーは

$$E_n = -\frac{m_e e^4}{2(4\pi\varepsilon_0)^2 \hbar^2 n^2} = -\frac{m_e e^4}{32\pi^2 \varepsilon_0^2 \hbar^2 n^2} = -\frac{R'_\infty}{n^2} \quad (n=1,2,\cdots)$$

と表される．ここで，n は**主量子数**（principal quantum number）とよばれる．R'_∞ は $\dfrac{m_e e^4}{32\pi^2 \varepsilon_0^2 \hbar^2} \approx 13.6\,\mathrm{eV}$ で，これを $hc(=2\pi\hbar c)$ で割った $R_\infty = \dfrac{m_e e^4}{8\varepsilon_0^2 h^3 c} \approx 1.10 \times 10^7\,\mathrm{m}^{-1}$ を**リュードベリ定数**（Rydberg constant）とよぶ．また，$n=1$ の電子基底状態において，陽子からみて，もっとも電子の存在確率の高い距離は**ボーア半径**（Bohr radius）であり，記号 a_0 で表す．

$$a_0 = \frac{4\pi\varepsilon_0 \hbar^2}{m_e e^2}$$

ボーア半径の名称は，ボーアの水素原子モデルにおける基底電子状態にある電子の軌道半径であることに由来し，$a_0 = 52.9\,\mathrm{pm}$ である．

水素原子の電子状態の取り扱い方法は，物性化学において，不純物半導体のドーピングや励起子の記述に使用される．

$$a_\mathrm{d} = \frac{4\pi\varepsilon\hbar^2}{m_\mathrm{e}^* e^2} = \left(\frac{m_\mathrm{e}}{m_\mathrm{e}^*}\right)\left(\frac{\varepsilon}{\varepsilon_0}\right) a_0 = \left(\frac{m_\mathrm{e}}{m_\mathrm{e}^*}\right)\varepsilon_\mathrm{r} a_0 \tag{6.23}$$

である．ここで，a_0 は水素原子のボーア半径であり，

$$a_0 = \frac{4\pi\varepsilon_0 \hbar^2}{m_e e^2} \approx 0.0529\,\mathrm{nm} \tag{6.24}$$

である．a_d は電子が p^+ に束縛されている強さあるいは空間の広がりの目安となる．

6.2 不純物半導体

> **例題6.2** PをドーピングしたSi結晶において，$\varepsilon_r = 11.7$，$m_e^* = 0.19\, m_e$として，E_dとa_dを求めなさい．
>
> [解答例]
>
> $$E_d = -R'_\infty \times \frac{m_e^*}{m_e} \times \frac{1}{\varepsilon_r^2} = -13.6\,\text{eV} \times 0.19 \times \frac{1}{11.7^2} = -0.0188\cdots \approx -0.019\,\text{eV}$$
>
> $$a_d = \left(\frac{m_e}{m_e^*}\right) \times \varepsilon_r a_0 = \frac{11.7}{0.19} \times 0.0529\,\text{nm} = 3.25\cdots \approx 3.3\,\text{nm}$$
>
> E_dはバンドギャップ1.11 eVに比べて十分に小さい．室温の$k_B T$は約0.026 eVであり，電子は不純物準位から伝導帯に容易に励起されることがわかる．a_dの値は，Si–Si原子間距離0.235 mmの10倍以上である．

ドナーをドーピングしたSi結晶は，伝導帯に電気伝導に寄与する多数の電子（伝導電子）をもつ．このような半導体を**n型半導体**（n-type semiconductor）とよぶ．ドナーをドーピングしたSi結晶には，ドナードーピングにより生成する伝導電子のほかにも，真性半導体のように価電子帯から伝導帯への熱励起で生じるホールと電子が存在する．そのため，電子を**多数キャリア**（majority carrier）とよび，ホールを**少数キャリア**（minority carrier）とよぶ．また，イオン化したドナー原子（P$^+$）は，正電荷をもつがキャリアのようには移動できないので，固定電荷とよぶ．

続いて，Si結晶中に3族の元素であるホウ素（B）原子をドープした場合を考える．B原子の価電子の配置は$(2s)^2(2p)^1$であり，B原子がSiから電子を受け取ってB$^-$+h$^+$（ホール）となると，B$^-$の配置は$(2s)^2(2p)^2$でSiと同じ4価となるから，**図6.7**に示したように，Si原子と置き換わることができる．Si結晶中にできたホールは，クーロン力でB$^-$イオンに束縛される．この様子を**図6.8**に示した．正電荷をもつホールは負電荷をもつB$^-$イオンと相互作用をして，複合体を形成すると予測できる．温度が高くなるとホールは束縛から離れ，結晶中すなわち価電子帯を自由に動き回れるようになる．エネルギー準位で考えると，**図6.9**に示したように，価電子帯の頂点より少し高い位置に，アクセプター準位が生成する．ホールの有効質量をm_h^*とすると，このアクセプター準

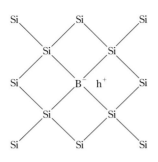

図6.7 Bをドーピングした Si
Si は正四面体構造をとる.

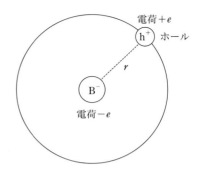

図6.8 B^-とホール(h^+)

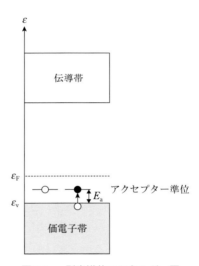

図6.9 p型半導体のエネルギー図

位と価電子帯とのエネルギー差E_aは,先ほどと同様な考察から,

$$E_a = -\frac{m_h^* e^4}{2(4\pi\varepsilon)^2 \hbar^2} = -R'_\infty \left(\frac{m_h^*}{m_e}\right)\left(\frac{\varepsilon_0}{\varepsilon}\right)^2 = -R'_\infty \left(\frac{m_h^*}{m_e}\right)\frac{1}{\varepsilon_r^2} \quad (6.25)$$

と表される.ホールの円運動の軌道半径を表すボーア半径a_aは

$$a_a = \frac{4\pi\varepsilon\hbar^2}{m_h^* e^2} = \left(\frac{m_e}{m_h^*}\right)\left(\frac{\varepsilon}{\varepsilon_0}\right)a_0 = \left(\frac{m_e}{m_h^*}\right)\varepsilon_r a_0 \quad (6.26)$$

となる.E_aはホールの解離エネルギーに相当し,熱エネルギーにより解離し

表6.2 Si結晶中のドナーとアクセプターのイオン化エネルギー

ドナー	E_d/meV	アクセプター	E_a/meV
P	45	B	45
As	49	Al	57
Sb	39	Ga	65

て価電子帯にホールが生成すると，電気伝導に寄与する．

アクセプターをドーピングしたSi結晶は，多数の伝導ホールをもつ．このような半導体を**p型半導体**(p-type semiconductor)とよぶ．p型半導体では，ホールが多数キャリアで，電子が少数キャリアである．

表6.2にSi中のドナーとアクセプターのイオン化エネルギーを示した．

6.3 共役高分子半導体の化学ドーピング

共役高分子は10^{-5} S・cm^{-1}程度の電気伝導率を示す半導体であるが，化学ドーピング（chemical doping）を行うことにより，$1\sim10^3$ S・cm^{-1}程度まで電気伝導率を向上させることができる．化学ドーピングには，アクセプタードーピング（酸化）とドナードーピング（還元）がある．アクセプタードーピングは，例えば，共役高分子のフィルムをアクセプター（酸化剤）であるヨウ素の気体にさらしたり，FeCl$_3$の溶液に浸したりして，共役高分子のフィルムを酸化することにより行われる．共役高分子をPolymerと表すと，以下のような化学反応が起こる．

$$\text{Polymer} + \frac{3}{2}\text{I}_2 \rightarrow \text{Polymer}^+\text{I}_3^-$$

$$\text{Polymer} + 2\text{FeCl}_3 \rightarrow \text{Polymer}^+\text{FeCl}_4^- + \text{FeCl}_2$$

なお，ヨウ素は，I$_5^-$などのアニオンになる場合もある．一方，ドナードーピングは，例えば共役高分子のフィルムをナトリウムナフタレニド（Na・ナフタレン）のTHF溶液に浸すことなどにより行われ，共役高分子が還元されて負電荷をもち，カウンターイオンとしてNa$^+$が保持される．

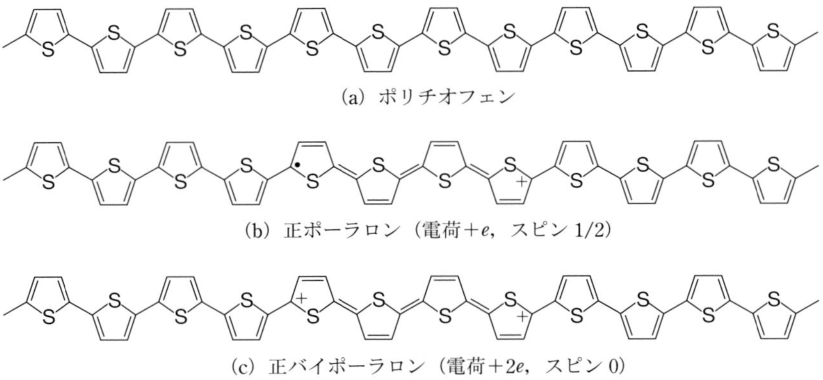

(a) ポリチオフェン

(b) 正ポーラロン（電荷+e，スピン1/2）

(c) 正バイポーラロン（電荷+2e，スピン0）

図6.10　ポリチオフェンのキャリア

$$\text{Polymer} + \text{Na}^+\text{C}_{10}\text{H}_8^- \rightarrow \text{Na}^+\text{Polymer}^- + \text{C}_{10}\text{H}_8$$

低分子有機半導体の場合には，真空容器内において，アクセプターやドナーと有機真性半導体とを共蒸着することによりドーピングを行う．

　図6.10(a)に示したポリチオフェン（PT）は，代表的な共役高分子であり，多くの研究が行われている．いま，PTにアクセプター1分子が添加された場合の電子状態を考える．中性状態の共役分子は偶数個の電子をもつが，アクセプタードーピング（酸化）により電子が1個引き抜かれ，カチオンラジカルとなる．カチオンラジカルはいくつかの構造単位に局在化し，その領域では炭素・炭素結合長などの分子構造が変化する．このような正電荷と構造変化を合わせて**正ポーラロン**（positive polaron）という．正ポーラロンの分子構造の模式図を**図6.10**(b)に示した．正ポーラロンは，電荷$+e$とスピン$\frac{1}{2}$をもつ．**図6.11**(b)には正ポーラロンの電子配置を示した．バンドギャップ内に2つの局在準位が生成し，1個の電子が低い局在準位を占有している．酸化により電子がもう1個，つまり電子が2個引き抜かれると，ポーラロンと同様に，変化した分子構造と正電荷が一緒になった**正バイポーラロン**（positive bipolaron）が生成する（**図6.10**(c)）．正バイポーラロンでは電荷は$+2e$であり，スピンをもたない．正バイポーラロンの電子配置を**図6.11**(c)に示した．バンドギャップ内に2つの局在準位が生成し，両方とも空である．正ポーラロンは，E_1とE_2に対応す

6.3 共役高分子半導体の化学ドーピング

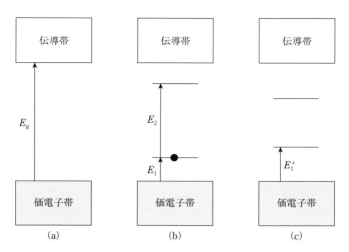

図6.11 (a)ポリチオフェン(ドーピングのない状態),(b)正ポーラロン,(c)正バイポーラロンの電子配置

る2つの強い吸収を示し(図6.11(b)),正バイポーラロンは,E_1'に対応する1つの強い吸収を示す(図6.11(c)).ポーラロンとバイポーラロンは,それらの分子構造の変化自身が動いて電荷を運ぶので,不純物ドーピングした無機半導体の伝導機構とは異なる.

6.4 pn接合

p型半導体とn型半導体の原子レベルでの接合を**pn接合**（pn junction）とよぶ．pn接合は，1つの半導体結晶上に，他の型の半導体結晶を成長させるか，ドーピングを行うことにより作製できる．p型半導体とn型半導体を貼り付けて作製するわけではない．接合面には，次に述べる電位障壁以外は何も存在しない．

図6.12に，pn接合を模式的に示した．接合面の近傍においてキャリアの濃度に濃淡があると，拡散現象により，p型半導体の多数キャリアであるホールはn型半導体層へ，n型半導体の多数キャリアである電子はp型半導体層へ移動する．移動したホールは電子と再結合して消失，移動した電子はホールと再結合して消失する．その結果，熱平衡状態において，pn接合面近傍にはキャリアは存在せず，負の固定電荷と正の固定電荷からなる電荷二重層が形成される．この領域にはキャリアが存在しないため，**空乏層**（exhaustion layer, depletion layer）とよぶ．空乏層の厚さは1 μm程度である．空乏層では，正の固定電荷から負の固定電荷に向かう電場が発生する．この電場により，p型半導体層の電子（少数キャリア）はn型半導体層へ，n型半導体層の正孔（少数キャリア）はp型半導体層へ移動できる．一方，多数キャリアは電荷二重層による電場の障壁のため移動できない．

以上のことをバンド構造で理解しよう．熱平衡状態では，p型半導体層やn型半導体層，空乏層すべての領域のフェルミ準位が同じとなり，pn接合ではp型半導体層のバンド構造（図6.9）とn型半導体層のバンド構造（図6.6）の間に，**図6.13**に示したようにバンドの曲がりが生じる．電子はエネルギーが低いほど（図の下の方向）安定であり，n型半導体層中の多数キャリアである電子にとって，空乏層に障壁があることがわかる．また，ホールはエネルギーが高いほど（図の上の方向）安定であり，p型半導体層中の多数キャリアであるホールにとって，空乏層に障壁があることがわかる．

次に，pn接合の両端に電圧Vをかけることを考える．p型半導体側が正，n型半導体側が負となるような方向の直流電圧を，**順方向バイアス**（forward bias）とよぶ（**図6.14**(a)）．順方向バイアスでは，p型半導体層中のホールは負極の方向に移動し，空乏層の障壁を越えて対極に到達する．一方，n型半導

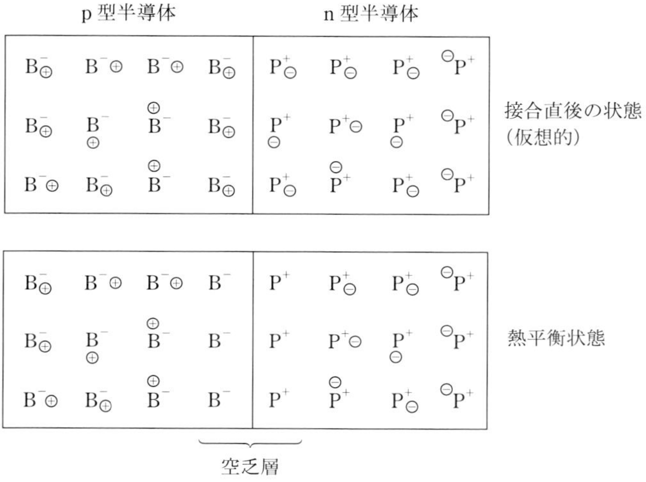

6.4 pn接合

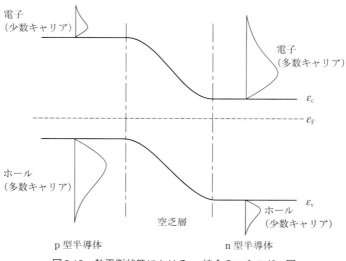

図6.12 pn接合と空乏層の形成

図6.13 熱平衡状態におけるpn接合のエネルギー図

体層中の電子は正極の方向に移動し，空乏層での障壁を越えて対極に到達する．**図6.15**に，外部からpn接合に対して順方向で電圧Vをかけた場合のエネルギー図を示す．系は熱平衡状態ではなくなるため，正しい意味でのフェルミ準位は

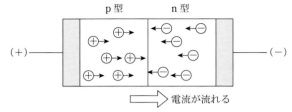

(a) 順方向バイアス

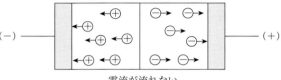

(b) 逆方向バイアス

図6.14　pn接合の整流特性

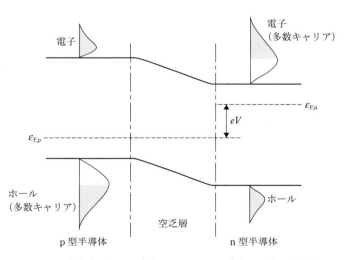

図6.15　順方向バイアス存在下におけるpn接合のエネルギー図

定義できないが，p型半導体層とn型半導体層のそれぞれにフェルミ準位を想定すると，p型半導体層のフェルミ準位$\varepsilon_{F,p}$はn型半導体層のフェルミ準位$\varepsilon_{F,n}$よりもeVだけ小さくなる．その分障壁が低くなるので，電子もホールも対極

● コラム 6.2　　電子（ホール）とエネルギー準位

　故 関一彦先生（名古屋大学名誉教授）が，電子とホールの安定性に関して次のようなたとえ話をされていた．電子は黒丸で示されることが多く，下に行くほど安定である．一方，ホールは中抜きの白丸で示されることが多く，○は泡に似ている．泡は水中で浮くので，それと同様に，ホールもエネルギー軸で上の方向に動く，すなわち安定になると覚えるとよい．

　非常に単純化した例として，物質AとBの間での電子とホールの移動を考える．図(a1)の場合，ホールはAからBへ，電子はBからAに移動するが，図(a2)の場合それらの移動にはエネルギー障壁があり，移動しにくい．図(b1)の場合，電子はBからAに移動するが，図(b2)の場合，BからAの移動にはエネルギー障壁があり，移動しにくい．電子（ホール）の移動は，デバイスの動作機構を考える際に重要である．

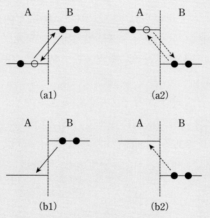

に移動できるようになる．このときの電流 I は

$$I = I_0 (e^{eV/k_B T} - 1) \tag{6.27}$$

と表される．ここで，（ ）の中の1は，熱的に励起された少数キャリアによる逆方向への電流に相当し，その分を差し引いている．

　p型半導体側が負，n型半導体側が正となるような方向の直流電圧を，**逆方向バイアス**（reverse bias）とよぶ（図**6.14**(b))．この逆方向バイアスでは，ホー

ルが負極に，電子が正極に引きつけられて空乏層が拡大し，電流はほとんど流れない．逆方向バイアスは式(6.27)においてVの符号がマイナスの場合であり，電流はI_0に近づく．I_0は少数キャリアによる電流である．電流－電圧特性を**図6.16**に示した．このようにpn接合は一方向のみに電流を流す特性をもつ．この特性を**整流**（rectification）といい，2端子をもつ整流素子を**ダイオード**（diode）とよぶ．

　pn接合に順方向バイアスをかけてキャリアを逆側の半導体層に注入すると，すなわち電流を流すと，半導体の種類によっては発光する場合がある．これは電子とホールが再結合した際に放出された光である．この現象を**注入型電界発光**（injection electroluminescence）とよぶ．これは現在，電球や信号などに使用されている**発光ダイオード**（light emitting diode, LEDと略す）の原理である．注入型電界発光は半導体のエネルギーバンド構造と密接に関係しており，発光ダイオードの材料として用いられているのはGaAsなどの直接ギャップ型半導体である．発光波長はバンドギャップに相当する．発光ダイオードの発光効率は，電球や蛍光灯よりも高いため，照明として発光ダイオードが用いられるようになってきている．

　石油・石炭などの化石燃料や原子力に代わるエネルギーの一つとして，**太陽電池**（solar cell）による発電が期待されている．太陽電池において主要な役割を担う部分はpn接合である．pn接合にバンドギャップ以上の光子エネルギーをもつ光を照射すると，電子とホールが生成し，空乏層に存在する電場により，

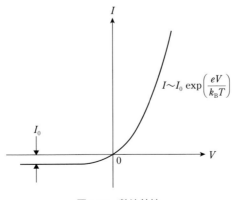

図6.16　整流特性

電子はn型半導体層に，ホールはp型半導体層に移動する．その結果，p型半導体層は正に，n型半導体層は負に帯電し，電流を流して外部に仕事をすることができる．光照射により電場，すなわち電位差が発生する現象を**光起電力効果**（photovoltaic effect）とよぶ．太陽光のエネルギーは，真夏の晴れた日の正午で，地表において1 m^2 あたり1 kW程度である．太陽電池の光電変換効率（入射する太陽光のエネルギーを電気エネルギーに変換する割合）を20％とすると，1 m^2 の面積で200 Wしか電力が得られないことになる．例えば，一般家庭の電気をまかなえるとされる6 kWの電力を得るためには，30 m^2 の広さが必要であり，高い変換効率を実現する材料の開発が望まれている．

❖演習問題

6.1 式(6.10)の積分を行い，式(6.11)と(6.12)を導きなさい．必要であれば，次の積分公式を使いなさい．

$$\int_0^\infty \sqrt{x}\,\mathrm{e}^{-x}\,\mathrm{d}x = \frac{\sqrt{\pi}}{2}$$

6.2 Geの比誘電率は15.8であり，電子の有効質量は0.10 m_e とする．ドナーのイオン化エネルギー E_d とボーア半径 a_d を求めなさい．

6.3 室温（27°C）における $k_\mathrm{B}T$ を単位eVで計算しなさい．

6.4 ポリチオフェンのフィルム100 mgにヨウ素ドーピングを行ったところ，150 mgになった．ヨウ素はすべてI_3^-になったとして，チオフェン環1個あたりに対して，酸化により生じた正キャリアの割合（モル％）を求めなさい．ただし，原子量はC＝12，H＝1，S＝32，I＝127とする．

第7章　誘電体の電気的性質

　金属や半導体に外部から電場をかけると定常電流が流れるが，絶縁体（誘電体）に外部から電場をかけると分極が起こる．また，分極の大きさは誘電率に反映される．分極の起源は，電子分布の偏り，分子・結晶格子の歪み，極性分子・極性基の配向などである．交流を用いて測定した誘電率の周波数依存性は，極性分子・極性基の配向運動の緩和時間を反映する．誘電体は絶縁性被膜として使用されることが多いが，近年は，電界効果トランジスタやメモリのゲート材料としても使用されている．

7.1　分子の電気双極子モーメントと分極率

　図7.1に示すような，距離dだけ離れた電荷$+q$（$q>0$）と電荷$-q$の対を**電気双極子**（electric dipole）とよぶ．この電気双極子について，**電気双極子モーメント**（electric dipole moment）$\boldsymbol{\mu}$を，大きさは

$$\mu = |\boldsymbol{\mu}| = qd \tag{7.1}$$

で，方向は負電荷から正電荷に向かうベクトルとして定義する．電気双極子モーメントの大きさのSI単位はC·mであるが，一般には，非SI単位のデバイ（記号D）が用いられることが多い．1Dは，1Å離れた1静電単位（esu）の1対の電荷がもつ電気双極子モーメントであり，

$$1\,\mathrm{D} \approx 3.33564 \times 10^{-30}\,\mathrm{C \cdot m}$$

である．

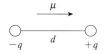

図7.1　電気双極子モーメント

> **例題7.1** 1対の電荷$+e$と$-e$が1.0Å離れた距離にある電気双極子の双極子モーメントの大きさを単位Dで求めなさい．
> [解答例]
> $$\begin{aligned}\mu = qd &= 1.60\times 10^{-19}\,\text{C} \times 1.0\times 10^{-10}\,\text{m} \\ &= 1.6\times 10^{-29}\,\text{C·m} = \frac{1.6\times 10^{-29}\,\text{C·m}}{3.336\times 10^{-30}\,\text{C·m·D}^{-1}} \\ &= 4.79\cdots\text{D} \approx 4.8\,\text{D}\end{aligned}$$

　分子全体としては電荷をもたない中性分子も，分子内に電荷の偏りがあると，図7.2に示したように電気双極子，電気四重極子などとみなすことができる．こうした分子内の電荷の偏りにより生じる電気双極子を永久電気双極子という．化学反応では，永久電気双極子が重要な役割を果たすことが多い．永久電気双極子モーメントをもつ分子を**極性分子**（polar molecule），もたない分子を**無極性分子**（nonpolar molecule）とよぶ．多原子分子の電気双極子モーメントμは，分子を構成する原子の部分電荷q_iにその位置ベクトルr_iをかけたものを分子全体について総和をとることにより，計算で求めることができる．すなわち，

$$\mu = \sum_i q_i r_i \tag{7.2}$$

である．μを直交座標系の成分で表すと

$$\mu_x = \sum_i q_i x_i, \quad \mu_y = \sum_i q_i y_i, \quad \mu_z = \sum_i q_i z_i \tag{7.3}$$

となる．原点はどこにとってもよい．電気双極子モーメントの大きさは

図7.2　電気多重極子

$$\mu = |\boldsymbol{\mu}| = \sqrt{\mu_x^2 + \mu_y^2 + \mu_z^2} \tag{7.4}$$

となる.

例題7.2 H_2O 分子に関して,下図に示した構造と電荷を使って,電気双極子モーメントの大きさを求めなさい.

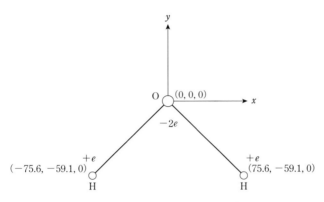

図 H_2O 分子 (長さの単位は pm)

[解答例]

分子の対称性から,電気双極子モーメントは y 成分のみ 0 でない.

$$\mu_y = 1.60 \times 10^{-19}\,\text{C} \times (-59.1 \times 10^{-12}\,\text{m}) \times 2$$
$$= -1.89\cdots \times 10^{-29}\,\text{C·m}$$
$$= \frac{-1.89\cdots \times 10^{-29}\,\text{C·m}}{3.34 \times 10^{-30}\,\text{C·m·D}^{-1}} = -5.65\cdots\,\text{D} \approx -5.7\,\text{D}$$

したがって,$\mu = |\boldsymbol{\mu}| \approx 5.7\,\text{D}$

永久電気双極子モーメントをもたない中性分子でも,外部電場の存在下では,図7.3に模式的に示したように分子が歪み,電気双極子モーメントを生じることがある.このように分子が歪むことにより生じる電気双極子モーメントを**誘起電気双極子モーメント**(induced electric dipole moment)という.誘起電気双極子モーメント $\boldsymbol{\mu}^*$ は,電場が大きくないときには,

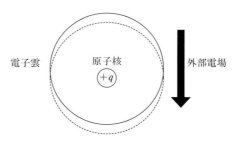

図7.3　誘起電気双極子モーメント

$$\boldsymbol{\mu}^* = \alpha \boldsymbol{E} \tag{7.5}$$

と表すことができる．αは**分極率**（polarizability）とよばれる．一般に，αは3×3行列で表され，誘起電気双極子モーメントの方向は，電場の方向とは一致しない．しかし，等方性物質では，αはスカラー量である．分極率の単位は$C^2 \cdot m^2 \cdot J^{-1}$である．また，以下の式で定義される$\alpha'$を**分極率体積**（polarizability volume）という．

$$\alpha' = \frac{\alpha}{4\pi\varepsilon_0} \tag{7.6}$$

ε_0は真空の誘電率（$\varepsilon_0 = 8.85 \times 10^{-12}$ F·m^{-1} $= 8.85 \times 10^{-12}$ C·V^{-1}·m^{-1}）である．α'の単位はm^{3}であり，現実の分子の体積と同程度である．

7.2　誘電体

　誘電体（dielectric）に電場がかかると，巨視的な（マクロな）電荷の分離が起こる．誘電体中のある大きさの領域に存在する電気双極子モーメントの総和を，その領域の体積で割った量を**電気分極**（electric polarization）とよび，記号$\boldsymbol{P}$で表す．電気分極が電場に比例する物質を**常誘電体**とよび，その電気分極は，

$$\boldsymbol{P} = \varepsilon_0 \chi_e \boldsymbol{E} \tag{7.7}$$

と表される．ここで，比例定数χ_eを**電気感受率**（electric susceptibility）という．電気分極の単位は，C·m^{-2}である．

7.2 誘電体

電気分極には，分子レベルの現象が関係している．分子の永久電気双極子モーメントが配向することで生じる分極を**配向分極**（orientation polarization），電場によって電子の分布が偏ることで生じる分極を**電子分極**（electronic polarization），電場によって分子の形や結晶の格子が変化することで生じる分極を**原子分極**（atomic polarization）または**イオン分極**（ionic polarization）とよぶ．また電子分極と原子（イオン）分極をあわせて，**変位分極**（displacement polarization）とよぶ．

まず，配向分極について詳しく考察する．極性分子の液体における巨視的な電気分極は，個々の分子がもつ電気双極子モーメントベクトルの和となる．電気分極 $\boldsymbol{P}$ は，誘電体中のある大きさの領域に存在する電気双極子モーメントの総和をその領域の体積 ΔV で割った量であるから，

$$\boldsymbol{P} = \frac{\sum_i \mu_i}{\Delta V} = \langle \boldsymbol{\mu} \rangle N \tag{7.8}$$

と表される．ここで，$\langle \boldsymbol{\mu} \rangle$ は双極子モーメントの平均で，N は数密度である．

極性分子の等方性液体は，図7.4(a)に示したように，外部電場がない場合には，熱運動により分子が乱雑な向きをとるため，全体として分極をもたない．すなわち，$\boldsymbol{P} = 0$ である．一様な外部電場 E が z 方向に存在する場合（図7.4(b)），電気双極子モーメントに偶力が働き，この電場は電気双極子の向きを揃えようとするが，一方で，熱運動は分子の向きを乱雑にしようとするため，それらがつり合った状態となる．温度 T では，z 方向の双極子モーメントの平均は

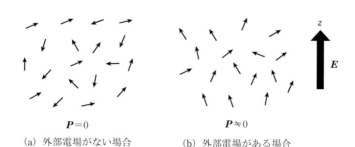

(a) 外部電場がない場合 　　(b) 外部電場がある場合

図7.4　極性分子の配向

$$\langle \mu_z \rangle = \frac{\mu^2 E}{3k_\mathrm{B} T} \tag{7.9}$$

となる．ただし，k_B はボルツマン定数である．

誘電体に電場がかかると，分子レベルで電荷の分極が生じるが，**電束密度**（electric flux density）$\boldsymbol{D}$ を考えると分極した個々の電荷を考慮する必要がなくなり，取り扱いが容易になる．電束密度 $\boldsymbol{D}$ と電場 $\boldsymbol{E}$ の間には

$$\boldsymbol{D} = \varepsilon_0 \boldsymbol{E} + \boldsymbol{P} \tag{7.10}$$

の関係が成り立つ．この式に式(7.7)を代入すると

$$\boldsymbol{D} = \varepsilon_0 \boldsymbol{E} + \varepsilon_0 \chi_\mathrm{e} \boldsymbol{E} = \varepsilon_0 (1 + \chi_\mathrm{e}) \boldsymbol{E} = \varepsilon \boldsymbol{E} \tag{7.11}$$

となる．ここで，ε は

$$\varepsilon = \varepsilon_0 (1 + \chi_\mathrm{e}) \tag{7.12}$$

で定義される誘電体の**誘電率**（permittivity）である．誘電率は，等方性物質ではスカラー量であり，この場合には $\boldsymbol{D}$ と $\boldsymbol{E}$ の方向が一致するが，一般には 3×3 行列である．誘電率の代わりに

$$\varepsilon_\mathrm{r} = \frac{\varepsilon}{\varepsilon_0} \tag{7.13}$$

で定義される無次元の**比誘電率**（relative permittivity）が使われることも多い．比誘電率は，平行平板コンデンサーの静電容量の測定から決めることができる．通常，誘電率といえば，比誘電率を意味することが多い．いくつかの化合物の比誘電率を**表7.1**に示した．

比誘電率を用いると，電束密度は

$$\boldsymbol{D} = \varepsilon \boldsymbol{E} = \varepsilon_0 \varepsilon_\mathrm{r} \boldsymbol{E} \tag{7.14}$$

と表される．

物質中のクーロン力やクーロンポテンシャルエネルギーの大きさは，誘電率に反比例する．水の比誘電率は25℃で78であり，クーロン力は真空中での値より2桁近く小さくなる．電解質溶液の重要な性質の一つは，このクーロン力の低下である．比誘電率は，極性分子や分極しやすい物質ほど大きい．

7.2 誘電体

● コラム 7.1　電気双極子に働く力とポテンシャルエネルギー

一様な電場中に電気双極子モーメントがある場合，図に示したように，電気双極子を回転させようとする偶力が現れる．偶力のモーメント N は

$$N = \mu \times E$$

である．電気双極子モーメントと電場のなす角度を θ とすると，偶力の大きさは，

$$N = \mu E \sin\theta$$

である．

また，この系のポテンシャルエネルギー V は，

$$V = -\mu \cdot E = -\mu E \cos\theta$$

と表される．

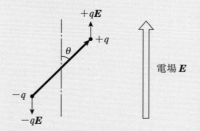

図　一様な電場中の電気双極子モーメントに働く力

表7.1　有機・無機化合物の比誘電率 ε_r

物質	ε_r	測定温度/℃
水	78	25
アセトン	21	25
エタノール	25	25
塩化メチル	6.7	40
ベンゼン	2.3	20
シクロヘキサン	2.0	20
ダイヤモンド	5.68	26
テフロン	2.1	25
ナイロン66	3.3	25
ポリエチレン	2.25〜2.35	
雲母	5.4	26
パイレックスガラス	4.8	25

第7章　誘電体の電気的性質

> **例題7.4**　電荷$+e$と$-e$が距離1Å離れて存在しているとする．真空中と水中における，クーロン力の大きさを計算しなさい．ただし，水の比誘電率を78とする．
>
> [解答例]
> 真空中では，
> $$F = \frac{1}{4\pi\varepsilon_0}\frac{e^2}{r^2} = 8.99\times 10^9\,\text{N·m}^2\text{·C}^{-2} \times \frac{(1.60\times 10^{-19}\,\text{C})^2}{(10^{-10}\,\text{m})^2}$$
> $$= 8.99\times 1.60^2 \times 10^{9-38+20}\,\text{N}$$
> $$= 23.0\cdots \times 10^{-9}\,\text{N} \approx 2.3\times 10^{-8}\,\text{N}$$
> ただし，電磁気学の単位の定義から（cは光速）
> $$\frac{1}{4\pi\varepsilon_0} = c^2 \times 10^{-7} \approx 8.9874\times 10^9\,\text{N·m}^2\text{·C}^{-2}$$
> 水中では
> $$F = \frac{1}{\varepsilon_\text{r}}\frac{1}{4\pi\varepsilon_0}\frac{e^2}{r^2} = \frac{23.0\cdots \times 10^{-9}\,\text{N}}{78} = 0.2948\cdots \times 10^{-9}\,\text{N} \approx 2.9\times 10^{-10}\,\text{N}$$

極性分子の比誘電率と電気的性質の間には次に示す**ランジュバン・デバイの式**（Langevin-Debye equation）とよばれる定量的な関係がある．

$$\frac{\varepsilon_\text{r}-1}{\varepsilon_\text{r}+2} = \frac{\rho}{M}P_\text{m} \tag{7.15}$$

ただし，

$$P_\text{m} = \frac{N_\text{A}}{3\varepsilon_0}\left(\alpha + \frac{\mu^2}{3k_\text{B}T}\right) \tag{7.16}$$

である．ここで，ρは密度，Mはモル質量，μは永久電気双極子モーメントである．また，P_mは**モル分極**（molar polarization）とよばれる．モル分極の第1項は変位分極の寄与で，第2項は配向分極の寄与である．比誘電率を種々の温度で測定し，モル分極を$1/T$に対してプロットすると，傾きから電気双極子モーメント，y切片から分極率を求めることができる．**表7.2**に，いくつかの化合物の電気双極子モーメントと分極率体積を示した．

7.2 誘電体

表7.2 電気双極子モーメントと分極率体積

物質	$\mu/10^{-30}$ C·m	$\alpha'/10^{-30}$ m^3
He	0	0.20
Ar	0	1.66
HF	6.37	0.51
HCl	3.60	2.63
H$_2$	0	0.82
CO	0.300	1.98
CO$_2$	0	2.63
H$_2$O	6.17	1.48
C$_6$H$_6$	0	10.4
C$_6$H$_5$Cl	5.67	
1,2-C$_4$H$_4$Cl$_2$	7.61	
1,3-C$_4$H$_4$Cl$_2$	4.94	
1,4-C$_4$H$_4$Cl$_2$	0	

例題7.5 クロロホルムの比誘電率ε_rと密度ρ(単位 g·cm^{-3})の温度依存性を下の表に示した．電気双極子モーメントの大きさと分極率体積を求めなさい．

$T/°C$	20	0	-20	-40	-60
ε_r	5.0	5.5	6.0	6.5	7.0
$\rho/(\text{g·cm}^{-3})$	1.50	1.53	1.57	1.61	1.64

[解答例]

P_mと$1/T$を計算する．CHCl$_3$のモル質量は119.4 g·mol^{-1}．

$T/°C$	T/K	T^{-1}/K^{-1}	ε_r	$\dfrac{\varepsilon_r-1}{\varepsilon_r+2}$	$\rho/(\text{g·cm}^{-3})$	$P_m/(\text{cm}^3\text{·mol}^{-1})$
20	293	3.41×10^{-3}	5.0	0.571	1.50	45.5
0	273	3.66×10^{-3}	5.5	0.600	1.53	46.8
-20	253	3.95×10^{-3}	6.0	0.625	1.57	47.5
-40	233	4.29×10^{-3}	6.5	0.647	1.61	48.0
-60	213	4.69×10^{-3}	7.0	0.667	1.64	48.6

$1/T$ に対して P_m をプロットして，最小二乗法で1次式に回帰させると，下図に示したように，$y = 2.26 \times 10^3 x + 38.2$ となった．ランジュバン・デバイの式では

$$\text{傾きは } \frac{N_\mathrm{A} \mu^2}{9\varepsilon_0 k_\mathrm{B}}, \quad y\text{切片は } \frac{N_\mathrm{A} \alpha}{3\varepsilon_0}$$

であるから，

$$\mu \approx 2.0 \times 10^{-30}\,\mathrm{C \cdot m}, \quad \alpha' = \frac{\alpha}{4\pi\varepsilon_0} \approx 1.5 \times 10^{-23}\,\mathrm{cm}^3$$

と求まる．

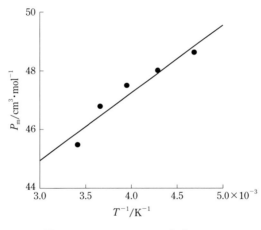

図　クロロホルムの P_m–T^{-1} プロット

● コラム 7.2　　最小二乗法による直線回帰

観測した n 個のデータ点 (x_i, y_i) を，最小二乗法により $y = ax + b$ の直線に回帰させるとき，a と b は次式で与えられる．

$$a = \frac{n\sum_{i=1}^{n} x_i y_i - \sum_{i=1}^{n} x_i \sum_{i=1}^{n} y_i}{n\sum_{i=1}^{n} x_i^2 - \left(\sum_{i=1}^{n} x_i\right)^2}, \quad b = \frac{\sum_{i=1}^{n} x_i^2 \sum_{i=1}^{n} y_i - \sum_{i=1}^{n} x_i y_i \sum_{i=1}^{n} x_i}{n\sum_{i=1}^{n} x_i^2 - \left(\sum_{i=1}^{n} x_i\right)^2}$$

ランジュバン・デバイの式(7.15)は，永久電気双極子モーメントに起因する配向分極の寄与がない場合には，次式のようになる．

$$\frac{\varepsilon_r - 1}{\varepsilon_r + 2} = \frac{\rho N_A \alpha}{3\varepsilon_0 M} \tag{7.17}$$

この式は，**クラウジウス・モソッティの式**（Clausius-Mossotti equation）とよばれる．外部から試料に印加される交流電場の振動数が高すぎて極性分子が電場の方向の変化に追随できない場合や無極性分子の場合に成り立つ式である．

古典電磁気学によると，**マクスウェルの方程式**（Maxwell equation）から，物質の屈折率nと比誘電率ε_rの間には，次の関係がある．

$$n = \sqrt{\varepsilon_r} \tag{7.18}$$

可視光や紫外光などの振動数の高い電磁波では，クラウジウス・モソッティの式が成り立つので，可視光や紫外光などを用いて屈折率の測定を行うと式(7.18)から比誘電率が求まり，式(7.17)から分極率を求めることができる．

7.3 複素誘電率（動的誘電率）

交流電場や電磁波などの振動する電場を印加したときの誘電率の振動数依存性を観測することによって，外部電場により分極が生成する過程や分極がなくなる過程，すなわち緩和過程を研究することができる．分子の運動を扱う学問領域を**動力学**または**ダイナミクス**（dynamics）とよぶ．外部からの電場が変化したときに生じる分極の形成や消失には，ある緩和時間が必要であり，そのことが誘電分散や誘電損失とよばれる現象の原因となる．ここでは，それらの現象を表す際の基礎となる複素誘電率について説明する．

いま，角振動数ωの振動電場を

$$\bm{E} = \bm{E}_0 \cos(\omega t) \tag{7.19}$$

と表す．角振動数ωと振動数fとの間には$\omega = 2\pi f$の関係がある．振動する電場の変化に対して，液体の粘性などのために，永久電気双極子モーメントをもつ分子の回転運動，すなわち配向分極の変化は遅れる．定常状態では，分極は電場と同じ角振動数で振動するものの，位相がδだけ遅れる．位相遅れδの大

きさは角振動数に依存する．同様に，図7.5に示したように電束密度も電場と同じ角振動数で振動するが，位相が遅れるので，

$$\begin{aligned} \boldsymbol{D} &= \varepsilon_0 \varepsilon_\mathrm{r} \boldsymbol{E} = \varepsilon_0 \varepsilon_\mathrm{r} \boldsymbol{E}_0 \cos(\omega t - \delta) \\ &= \varepsilon_0 \varepsilon_\mathrm{r} \boldsymbol{E}_0 [\cos\delta \cos(\omega t) + \sin\delta \sin(\omega t)] \\ &= \varepsilon_0 (\varepsilon_\mathrm{r} \cos\delta) \boldsymbol{E}_0 \cos(\omega t) + \varepsilon_0 (\varepsilon_\mathrm{r} \sin\delta) \boldsymbol{E}_0 \sin(\omega t) \end{aligned} \quad (7.20)$$

と表される．式(7.20)は，電束密度には電場と同位相の成分（cos項）と90°位相が遅れた成分（sin項）があり，それらの大きさは，位相遅れδに依存することを意味している．

振動電場に対する位相遅れを扱う便利な数学的テクニックとして，**複素比誘電率**（complex relative permittivity）がある．振動電場を

$$\tilde{\boldsymbol{E}}(t) = \boldsymbol{E}_0 \mathrm{e}^{i\omega t} = \boldsymbol{E}_0 [\cos(\omega t) + i\sin(\omega t)] \quad (7.21)$$

とおき，実部が実測値を表すと考える．複素数を表す場合には，物理量の記号

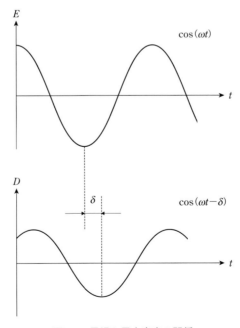

図7.5 電場と電束密度の関係

7.3 複素誘電率（動的誘電率）

> ### ● コラム 7.3　　複素表示と複素比誘電率の虚部の符号
>
> 電束密度 D と電場 E が関係した現象を記述する際に，D と E を $A_0 e^{\pm i(k \cdot r - \omega t + \delta)}$（$A_0$ は振幅，k は波数ベクトル，r は位置ベクトル，δ は初期位相）などの指数関数を用いて計算し，最後に実部をとる数学的手法が利用されている．位相因子や空間部分を振幅に入れた $A_0' e^{+\omega t}$ または $A_0' e^{-\omega t}$ の指数関数も使用されている．E を $E_0 e^{i \omega t}$ とおいた場合に，D の位相が遅れる式 $\cos(\omega t - \delta)$ とするためには，複素比誘電率の虚部の符号をマイナスにする必要がある．E を $E_0 e^{-i\omega t}$ とおいた場合には，複素比誘電率の虚部の符号をプラスにする必要がある．光に対しては，E を $E_0 e^{-i\omega t}$ とし，複素比誘電率の虚部の符号をプラスと定義することが多い．

の上に「~」をつける．ここで，複素比誘電率を

$$\tilde{\varepsilon}_r = \varepsilon_r' - i\varepsilon_r'' \tag{7.22}$$

と定義すると，電束密度は次式のように変形することができる．

$$\begin{aligned}\operatorname{Re} D &= \operatorname{Re}\left[\varepsilon_0 \tilde{\varepsilon}_r E\right] = \operatorname{Re}\left[\varepsilon_0(\varepsilon_r' - i\varepsilon_r'') E_0 e^{i\omega t}\right] \\ &= \varepsilon_0 E_0 \left[\varepsilon_r' \cos(\omega t) + \varepsilon_r'' \sin(\omega t)\right]\end{aligned} \tag{7.23}$$

次に，図7.6に示したように角度 δ をとり，三角関数の合成を行うと

$$\begin{aligned}\operatorname{Re} D &= \varepsilon_0 E_0 \left[\varepsilon_r' \cos(\omega t) + \varepsilon_r'' \sin(\omega t)\right] \\ &= \varepsilon_0 E_0 \sqrt{(\varepsilon_r')^2 + (\varepsilon_r'')^2} \left[\frac{\varepsilon_r'}{\sqrt{(\varepsilon_r')^2 + (\varepsilon_r'')^2}} \cos(\omega t) + \frac{\varepsilon_r''}{\sqrt{(\varepsilon_r')^2 + (\varepsilon_r'')^2}} \sin(\omega t)\right] \\ &= \varepsilon_0 E_0 \sqrt{(\varepsilon_r')^2 + (\varepsilon_r'')^2} \left[\cos\delta \cos(\omega t) + \sin\delta \sin(\omega t)\right] \\ &= \varepsilon_0 E_0 \sqrt{(\varepsilon_r')^2 + (\varepsilon_r'')^2} \cos(\omega t - \delta) \\ &= \varepsilon_0 E_0 |\tilde{\varepsilon}_r| \cos(\omega t - \delta)\end{aligned} \tag{7.24}$$

となる．この角度 δ を**損失角**（loss angle）とよぶ．図7.6から，

$$\tan\delta = \frac{\varepsilon_r''}{\varepsilon_r'} \tag{7.25}$$

であることがわかる．$\tan\delta$ は**誘電正接**（dissipation factor, loss tangent）また

第7章　誘電体の電気的性質

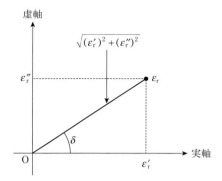

図7.6　複素比誘電率の表示

● コラム 7.4　　複素比誘電率の測定法

　試料を満たした平行平板コンデンサーに交流電圧 V をかけた場合の電流は，図に示したように，抵抗 R と静電容量 C の並列回路とみなせるので，電流は次式で表される．

$$I = YV, \quad Y = G + iB = \frac{1}{R} + i\omega C$$

ここで，Y はアドミッタンス，G はコンダクタンス，B はサセプタンスとよばれている．LCR メーターで，コンダクタンス G，サセプタンス B，$\tan\delta$ などを測定することができる．コンデンサーに試料を入れない場合の静電容量を C_0 とすると，例えば，測定した C と $\tan\delta$ から，次式を使って複素比誘電率の実部と虚部を求めることができる．

$$\varepsilon_r' = \frac{C}{C_0}, \quad \varepsilon_r'' = \varepsilon_r' \tan\delta = \frac{G}{\omega C_0} = \frac{1}{\omega R C_0}$$

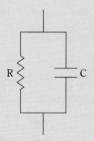

図　RCの並列回路

はタンデルタとよばれ，記号 D で表される．

複素比誘電率の虚部，すなわち位相遅れは，単位時間・単位体積あたりに発生する熱量 Q と関係している．これは，摩擦によりエネルギーが消費されて，熱が発生することに対応する．

$$Q = \frac{1}{T}\int_0^T \boldsymbol{E}\frac{\partial \boldsymbol{D}}{\partial t}\,\mathrm{d}t = \frac{1}{2}\varepsilon_0 \varepsilon_\mathrm{r}'' \omega \boldsymbol{E}_0{}^2 = \frac{1}{2}\varepsilon_0 \varepsilon_\mathrm{r}' \boldsymbol{E}_0{}^2 \tan\delta \tag{7.26}$$

7.4 誘電分散

誘電体に電場を印加すると，分極が誘起される．誘起される分極の時間変化を図7.7に模式的に示した．先述のように分極には配向分極と変位分極（原子分極とイオン分極）がある．変位分極は，電子や原子核の変位により生じる分極であり，その変位は非常に速いため，電場を印加すると変位分極 $\boldsymbol{P}_\mathrm{d}$ はすぐに生成し，電場がなくなると $\boldsymbol{P}_\mathrm{d}$ はすぐに消失する．したがって，$\boldsymbol{P}_\mathrm{d}$ は変位分極の電気感受率 χ_d を用いて

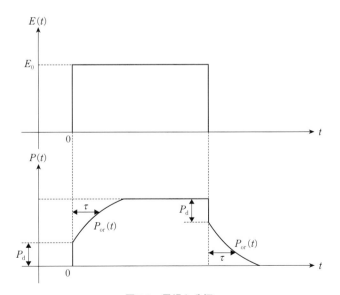

図7.7 電場と分極

$$P_\mathrm{d}(t) = \varepsilon_0 \chi_\mathrm{d} E(t) \tag{7.27}$$

と表すことができる.

　一方,分子の回転運動は,液体の粘性などにより摩擦を受けて遅れるので,配向分極P_orは,電場印加後に徐々に立ち上がり,電場がなくなると徐々に減少する.P_orの時間変化を表す関数を**応答関数**(response function)とよぶ.応答関数が単一の指数関数で表される場合には,P_orの時間変化は,次の微分方程式で表される.

$$\frac{\mathrm{d}P_\mathrm{or}(t)}{\mathrm{d}t} = \frac{1}{\tau}\left[\varepsilon_0 \chi_\mathrm{or} E(t) - P_\mathrm{or}(t)\right] \tag{7.28}$$

ここで,χ_orは配向分極の電気感受率である.τは**緩和時間**(relaxation time)とよばれ,P_orが$1/e$(eは自然対数の底)になるまでの時間を表す.右辺の第1項は,時刻tに到達すべき平衡値である.外部から交流電場$E(t) = E_0 e^{i\omega t}$をかけてしばらく経過すると定常状態になり,分極は外部電場と同じ角振動数ωで振動する.定常状態の解を求めるために,分極を$P(t) = P_0 e^{i\omega t}$とおいて式(7.28)に代入すると,分極の角振動数依存性は

$$P_\mathrm{or}(t) = \frac{\varepsilon_0 \chi_\mathrm{or}}{1 + i\omega\tau} E(t) \tag{7.29}$$

となる.

　分極PはP_dとP_orの和であり,電束密度Dは

$$\begin{aligned}
D &= \varepsilon_0 E + P = \varepsilon_0 E + P_\mathrm{d} + P_\mathrm{or} \\
&= \varepsilon_0 E + \varepsilon_0 \chi_\mathrm{d} E + \frac{\varepsilon_0 \chi_\mathrm{or}}{1 + i\omega\tau} E \\
&= \varepsilon_0 \left(1 + \chi_\mathrm{d} + \frac{\chi_\mathrm{or}}{1 + i\omega\tau}\right) E = \varepsilon_0 \varepsilon_\mathrm{r} E
\end{aligned} \tag{7.30}$$

と表される.したがって

$$\varepsilon_\mathrm{r} = 1 + \chi_\mathrm{d} + \frac{\chi_\mathrm{or}}{1 + i\omega\tau} \tag{7.31}$$

である.この式からわかるように,比誘電率は印加する交流電場の角振動数に依存する.角振動数が0すなわち静電場の場合の比誘電率をε_Sとすると,$\varepsilon_\mathrm{S} = 1 + \chi_\mathrm{d} + \chi_\mathrm{or}$である.静電場では,変位分極と配向分極の寄与がある.一方,

角振動数が非常に大きい場合の比誘電率をε_∞とすると，$\varepsilon_\infty = 1 + \chi_\mathrm{d}$である．この場合には変位分極のみの寄与がある．$\varepsilon_\mathrm{S}$と$\varepsilon_\infty$を用いると，式(7.31)は

$$\varepsilon_\mathrm{r} = \varepsilon_\infty + \frac{\varepsilon_\mathrm{S} - \varepsilon_\infty}{1 + i\omega\tau} = \varepsilon_\infty + \frac{\varepsilon_\mathrm{S} - \varepsilon_\infty}{1 + i(2\pi f\tau)} \tag{7.32}$$

と表される．よって，式(7.22)で定義した複素比誘電率の実部と虚部はそれぞれ

$$\varepsilon_\mathrm{r}' = \varepsilon_\infty + \frac{\varepsilon_\mathrm{S} - \varepsilon_\infty}{1 + \omega^2\tau^2} = \varepsilon_\infty + \frac{\varepsilon_\mathrm{S} - \varepsilon_\infty}{1 + 4\pi^2 f^2\tau^2} \tag{7.33}$$

$$\varepsilon_\mathrm{r}'' = \frac{(\varepsilon_\mathrm{S} - \varepsilon_\infty)\omega\tau}{1 + \omega^2\tau^2} = \frac{(\varepsilon_\mathrm{S} - \varepsilon_\infty)2\pi f\tau}{1 + 4\pi^2 f^2\tau^2} \tag{7.34}$$

となる．式(7.32)，(7.33)，(7.34)を**デバイの式**（Debye equation）とよぶ．式(7.33)と式(7.34)を用いると，式(7.25)で定義した誘電正接Dは次式のようになる．

$$D = \tan\delta = \frac{\varepsilon_\mathrm{r}''}{\varepsilon_\mathrm{r}'} = \frac{(\varepsilon_\mathrm{S} - \varepsilon_\infty)\omega\tau}{\varepsilon_\mathrm{S} + \varepsilon_\infty\omega^2\tau^2} = \frac{(\varepsilon_\mathrm{S} - \varepsilon_\infty)2\pi f\tau}{\varepsilon_\mathrm{S} + 4\pi^2\varepsilon_\infty f^2\tau^2} \tag{7.35}$$

図7.8に，メタノール（10℃）の複素比誘電率の実部と虚部の実験値と，それをデバイの式でフィッティングした曲線を示した．$f = 0$では$\varepsilon_\mathrm{r}' = \varepsilon_\mathrm{S}$, $\varepsilon_\mathrm{r}'' = 0$, $f = \infty$では$\varepsilon_\mathrm{r}' = \varepsilon_\infty$, $\varepsilon_\mathrm{r}'' = 0$である．ここで，

$$f_\mathrm{r} = \frac{1}{2\pi\tau} \tag{7.36}$$

とすると，f_rでは$\varepsilon_\mathrm{r}' = (\varepsilon_\mathrm{S} + \varepsilon_\infty)/2$で，$\varepsilon_\mathrm{r}''$は極大値$(\varepsilon_\mathrm{S} - \varepsilon_\infty)/2$をとる．この振動数$f_\mathrm{r}$を**緩和振動数**（relaxation frequency）とよび，緩和振動数から緩和時間を求めることができる．この図では，$f_\mathrm{r} = 2.26$ GHz（Gはギガとよみ，10^9を表す）であり，緩和時間は70 ps（pはピコとよみ，10^{-12}を表す）である．振動数が高くなるにつれて，ε_r'が減少する現象を**誘電分散**（dielectric dispersion），ε_r''が極大を示す現象を**誘電吸収**（dielectric absorption）とよび，両方を合わせて**誘電緩和**（dielectric relaxation）とよぶ．

また，振動数fは媒介変数とみなせるので，これを消去すると，

$$\left(\varepsilon_\mathrm{r}' - \frac{\varepsilon_\mathrm{S} + \varepsilon_\infty}{2}\right)^2 + \varepsilon_\mathrm{r}''^2 = \left(\frac{\varepsilon_\mathrm{S} - \varepsilon_\infty}{2}\right)^2 \tag{7.37}$$

となる．式(7.37)からわかるように，ε'に対してε''をプロットすると，**図7.9**に示したような半円となる．多くの実測データでは，半円からのずれが生じ，

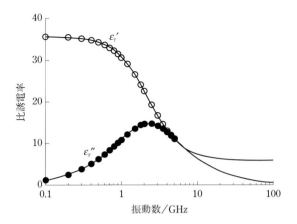

図7.8 メタノール液体（10℃）の比誘電率の測定値とシミュレーション
［データは，A. P. Gregory and R. N. Clarke, "Tables of the Complex Permittivity of Dielectric Reference Liquids at frequencies up to 5 GHz", *National Physical Laboratory Report MAT23*（2012）より．］

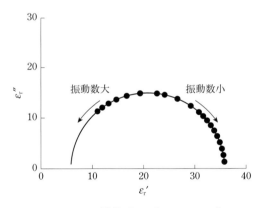

図7.9 メタノール液体（10℃）のε_r''–ε_r'プロット

コール・コール（Cole-Cole）の円弧型，ダビドソン・コール（Davidson-Cole）のゆがみ円弧型などとよばれる形を示す．その原因としては，測定対象物質が不均一であるために緩和時間に分布があること，あるいは，緩和関数が指数関数とは異なることなどが考えられる．

　ポリメタクリル酸メチル（PMMA）などの高分子誘電体やSiO_2などの酸化物誘電体は，有機薄膜トランジスタのゲート材料として使用されている．図

7.4 誘電分散

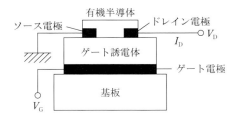

図7.10 有機薄膜トランジスタのデバイス構造

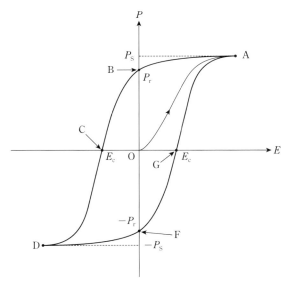

図7.11 強誘電体のP–Eヒステリシス曲線

7.10に，有機薄膜トランジスタのデバイス構造を模式的に示した．ゲート電極と有機半導体層の間にゲート誘電体層があり，ゲート電極に適当なバイアス電圧をかけると，有機半導体層にキャリアが注入され，有機半導体層の抵抗率が変化して，トランジスタ特性を示すことになる．

これまでに記述した誘電体では，電場をかけると分極が生じ，電場をなくすと分極も消失する．しかしながら，ある種の極性物質では，電場を取り除いても分極が残る．この現象を**自発分極**（spontaneous polarization）とよび，このような物質を**強誘電体**（ferroelectrics）とよぶ．強誘電体では，分極と電場は

比例せず，**図7.11**に示したようなヒステリシス（履歴）を示す．作製した後のそのままの強誘電体結晶に電場をかけていくと，図のOからAへ向かって分極が現れ，分極は飽和する．この飽和値をP_sとする．次に，電場を小さくしていくと，分極も小さくなるが，電場が0のB点でもP_rという分極が残る．このP_rを**残留分極**（remnant polarization）とよぶ．逆向きに電場をかけていくと，C点で分極はなくなる．このときの電場E_cを**抗電場**（coercive field）とよぶ．さらに電場を大きくすると分極は逆の方向に生じ，D点で飽和し，電場がゼロになると，前と同様にF点で残留分極が残る．電場の向きを逆にして電場をかけていくと，G点で分極がゼロとなる．強誘電体はメモリなどの電子デバイスに使用されている．また，強誘電体は圧電効果を示すので，アクチュエーターなどとしても使用されている．

7.5 電気双極子の相互作用

　静電的な相互作用は，化学現象において重要な役割を果たしている．イオンは電荷をもっており，点電荷とみなすことができる．また，中性分子でも電荷の偏りがある場合は，先述のように電気双極子とみなすことができる．ここでは，点電荷や電気双極子などの相互作用ポテンシャルについて述べる．

　点電荷q_1が距離rだけ離れた点Pにつくる**電位**（ポテンシャル；electric potential）ϕは，

$$\phi = \frac{1}{4\pi\varepsilon}\frac{q_1}{r} \tag{7.38}$$

である．ここで，εは物質の誘電率である．点Pに点電荷q_2が存在する場合のポテンシャルエネルギーVは，次式で表される．

$$V = q_2\phi = \frac{1}{4\pi\varepsilon}\frac{q_1 q_2}{r} \tag{7.39}$$

ポテンシャルエネルギー（potential energy）Vは点電荷間の距離rに反比例する．

　次に，**図7.12**に示した電気双極子と点電荷の相互作用を考えてみよう．正の電荷$+q$（$q>0$）が点A$(0, 0, d/2)$に，負の電荷$-q$が点B$(0, 0, -d/2)$にある電

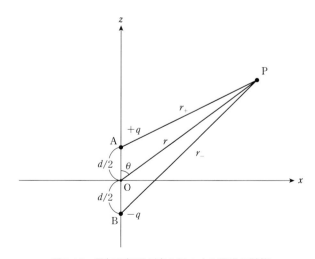

図7.12　電気双極子が点Pにつくる電場の計算

気双極子が点Pにつくるポテンシャルϕは

$$\phi = \frac{1}{4\pi\varepsilon}\frac{q}{r_+} + \frac{1}{4\pi\varepsilon}\frac{-q}{r_-} \qquad (7.40)$$

である．双極子モーメントベクトルと$\overline{\mathrm{OP}}$のなす角をθとすると，三角形の余弦定理から，

$$r_+ = \sqrt{r^2 + \left(\frac{d}{2}\right)^2 - rd\cos\theta} \qquad (7.41)$$

$$r_- = \sqrt{r^2 + \left(\frac{d}{2}\right)^2 - rd\cos(\pi-\theta)} = \sqrt{r^2 + \left(\frac{d}{2}\right)^2 + rd\cos\theta} \qquad (7.42)$$

と表される．点Pが電気双極子から遠く離れている場合には，$r \gg d$であるから

$$\begin{aligned}\frac{1}{r_\pm} &= \left(r^2 + \frac{d^2}{4} \mp rd\cos\theta\right)^{-1/2} \approx (r^2 \mp rd\cos\theta)^{-1/2} = (r^2)^{-1/2}\left(1 \mp \frac{d\cos\theta}{r}\right)^{-1/2}\\ &\approx \frac{1}{r}\left(1 \pm \frac{d\cos\theta}{2r}\right) = \frac{1}{r} \pm \frac{d\cos\theta}{2r^2} \quad \text{(複号同順)}\end{aligned} \qquad (7.43)$$

と近似することができる．これらの式を式(7.40)に代入すると

$$\phi = \frac{1}{4\pi\varepsilon}\frac{qd\cos\theta}{r^2} = \frac{1}{4\pi\varepsilon}\frac{\boldsymbol{\mu}\cdot\boldsymbol{r}}{r^3} \qquad (7.44)$$

が得られる．

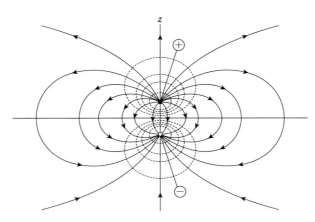

図7.13　電気双極子がつくる電場（電気力線）

7.5 電気双極子の相互作用

点Pに電荷q_1が存在するとポテンシャルエネルギーVは，

$$V = q_1\phi = \frac{q_1}{4\pi\varepsilon}\frac{\boldsymbol{\mu}\cdot\boldsymbol{r}}{r^3} \tag{7.45}$$

となる．また，この電気双極子がつくる電場は，次に示す電磁気学の基本公式により，ポテンシャルから求めることができる．

$$\boldsymbol{E} = -\nabla\phi = -\left(\frac{\partial\phi}{\partial x}, \frac{\partial\phi}{\partial x}, \frac{\partial\phi}{\partial x}\right) \tag{7.46}$$

この式にポテンシャルの式(7.44)を代入すると

$$\boldsymbol{E} = -\nabla\phi = \frac{1}{4\pi\varepsilon}\left[-\frac{\boldsymbol{\mu}}{r^3} + \frac{3\boldsymbol{r}(\boldsymbol{\mu}\cdot\boldsymbol{r})}{r^5}\right] \tag{7.47}$$

である．**図7.13**には電気双極子がつくる電場を示した．

例題7.7 電気双極子がつくる電場を表す式(7.47)を導きなさい．

[解答例]

微分公式 $\dfrac{\partial}{\partial x}\left(\dfrac{1}{r^n}\right) = -n\dfrac{x}{r^{n+2}}$ を使うと，

$$\boldsymbol{E} = -\nabla\phi = -\nabla\left(\frac{1}{4\pi\varepsilon}\frac{\boldsymbol{\mu}\cdot\boldsymbol{r}}{r^3}\right) = -\frac{1}{4\pi\varepsilon}\nabla\left(\frac{\boldsymbol{\mu}\cdot\boldsymbol{r}}{r^3}\right)$$

$$= -\frac{1}{4\pi\varepsilon}\left[\frac{\nabla(\boldsymbol{\mu}\cdot\boldsymbol{r})}{r^3} + \boldsymbol{\mu}\cdot\boldsymbol{r}\,\nabla\left(\frac{1}{r^3}\right)\right]$$

ここで，

$$\nabla(\boldsymbol{\mu}\cdot\boldsymbol{r}) = \nabla(\mu_x x + \mu_y y + \mu_z z) = \boldsymbol{\mu}$$

$$\boldsymbol{\mu}\cdot\boldsymbol{r}\,\nabla\left(\frac{1}{r^3}\right) = \boldsymbol{\mu}\cdot\boldsymbol{r}\left(-3\frac{\boldsymbol{r}}{r^5}\right) = -\frac{3\boldsymbol{r}(\boldsymbol{\mu}\cdot\boldsymbol{r})}{r^5}$$

したがって，

$$\boldsymbol{E} = -\nabla\phi = \frac{1}{4\pi\varepsilon}\left[-\frac{\boldsymbol{\mu}}{r^3} + \frac{3\boldsymbol{r}(\boldsymbol{\mu}\cdot\boldsymbol{r})}{r^5}\right]$$

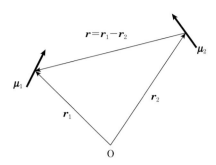

図7.14　2つの電気双極子の模式図

同様に考えると，**図7.14**に示した2つの電気双極子μ_1とμ_2が距離rだけ離れている場合のポテンシャルエネルギーVは，次式で表される．

$$V = \frac{1}{4\pi\varepsilon}\frac{\mu_1 \cdot \mu_2}{r^3} - \frac{3}{4\pi\varepsilon}\frac{(\mu_1 \cdot r)(\mu_2 \cdot r)}{r^5} \tag{7.48}$$

ポテンシャルエネルギーは2つの電気双極子の相対的な位置，すなわち配向が関与する複雑な関数となる．**図7.15**に示したように，2つの双極子が平行な場合には

$$V = \frac{1}{4\pi\varepsilon}\frac{\mu_1\mu_2(1 - 3\cos^2\theta)}{r^3} \tag{7.49}$$

となる．

図7.15　平行な2つの電気双極子の模式図

例題7.8 以下の図(a)と(b)に示した2つの配向をとる電子双極子を考える．2つの電気双極子モーメントの大きさはμとする．式(7.49)を使って相互作用エネルギーを計算して，どちらが安定であるか答えなさい．

[解答例]

(a)では$\theta = 0$であるから，$V = -\dfrac{\mu^2}{2\pi\varepsilon r^3}$（最小），(b)では$\theta = \pi/2$であるから，$V = \dfrac{\mu^2}{4\pi\varepsilon r^3}$（最大）．したがって，(a)の配置の方が安定である．

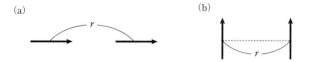

第7章 誘電体の電気的性質

❖演習問題

7.1 式(7.9)を導きなさい．

7.2 式(7.32)から，式(7.33)と(7.34)を導きなさい．

7.3 式(7.37)を導きなさい．

7.4 以下に示した2つの直交する配向をとる電気双極子を考える．電気双極子モーメントの大きさはμとする．式(7.48)を使って相互作用エネルギーを計算し，どちらが安定であるか答えなさい．

(a)　　　　　　　　　　　　　(b)

第8章　格子振動

　結晶を構成する原子や分子は，化学結合でつながっている．室温などの有限な温度では，原子や分子は平衡位置のまわりを微小に振動している．こうした振動は格子振動とよばれている．このような微小振動は，結晶を構成する原子や分子がすべて同じ振動数で動く「基準振動」の重ね合わせとして記述できる．また，その基準振動の振動数は，赤外・ラマン分光で測定できる．

8.1　単振動と連成振動

　図8.1に示すようなバネ（バネ定数または力の定数 f）でつながった2つの原子（質量 m）の振動，すなわち**単振動**（simple harmonic oscillation）を古典力学的に考察しよう．原子が及ぼし合う力は**フックの法則**（Hooke's law）に従うとする．これを**調和振動子近似**(harmonic oscillator approximation)とよぶ．原子1と2の平衡位置からの微小変位をそれぞれ Δx_1 と Δx_2 とする．フックの法則では力の大きさは変位に比例するので，原子1に及ぼす力は $f(\Delta x_2 - \Delta x_1)$ であり，原子1についての運動方程式は，

$$m\frac{\mathrm{d}^2 \Delta x_1}{\mathrm{d}t^2} = f(\Delta x_2 - \Delta x_1) \tag{8.1}$$

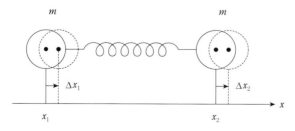

図8.1　2原子分子

と表される．同様にして，原子 2 についての運動方程式は，

$$m\frac{\mathrm{d}^2 \Delta x_2}{\mathrm{d}t^2} = f(\Delta x_1 - \Delta x_2) \tag{8.2}$$

となる．ここで，原子 1 と 2 の結合距離 r の変位を Δr とすると，

$$\Delta r = \Delta x_2 - \Delta x_1 \tag{8.3}$$

である．式 (8.2) から式 (8.1) を引くと

$$\frac{m}{2}\frac{\mathrm{d}^2 \Delta r}{\mathrm{d}t^2} = -f\Delta r \tag{8.4}$$

となる．原子 1 と 2 の変位に関する 2 つの式が結合距離の変位に関する 1 つの式となることで，質量が m から $m/2$ になっていることがわかる．これを**換算質量**（reduced mass）という．2 原子分子の換算質量 μ は，原子 1 の質量を m_1，原子 2 の質量を m_2 とすると次のように定義される．

$$\frac{1}{\mu} = \frac{1}{m_1} + \frac{1}{m_2} \tag{8.5}$$

この例においては $\mu = m/2$ となり，式 (8.4) は

$$\mu \frac{\mathrm{d}^2 \Delta r}{\mathrm{d}t^2} = -f\Delta r \tag{8.6}$$

となる．この微分方程式の解は

$$\Delta r = A\cos(\omega t + \phi) \tag{8.7}$$

$$\omega = \sqrt{\frac{f}{\mu}} \tag{8.8}$$

である．

　振動運動の**角振動数**（angular frequency）ω は，分子に固有の値である．式 (8.6) は時間に関する 2 階の微分方程式であるから，一般解には未定定数が 2 つ存在し，A と ϕ が未定定数である．A は**振幅**（amplitude），ϕ は**初期位相**（initial phase）とよばれる．振幅と初期位相は**初期条件**（initial conditions）を設定すると決まる．

　角振動数から**振動数**（frequency）ν を求めると，

8.1 単振動と連成振動

$$\nu = \frac{\omega}{2\pi} = \frac{1}{2\pi}\sqrt{\frac{2f}{m}} \tag{8.9}$$

となる．また，振動の周期Tは

$$T = \frac{1}{\nu} = \frac{2\pi}{\omega} \tag{8.10}$$

である．

ラマンスペクトルや赤外吸収スペクトルを測定することにより，振動数を実験的に求めることができる．これらのスペクトルは，光を用いて計測されるので，波長の逆数である**波数**（wavenumber）$\tilde{\nu}$が用いられ，そのSI単位はm^{-1}であるが，慣行として非SI単位であるcm^{-1}が使われている．振動数を波数で表すと，

$$\tilde{\nu} = \frac{\nu}{c} = \frac{1}{2\pi c}\sqrt{\frac{2f}{m}} \tag{8.11}$$

となる．cは真空中での光の速度である．

例題8.1 酸素分子の伸縮振動は，ラマンスペクトルで1555 cm^{-1}に観測される．酸素原子どうしの化学結合のバネ定数を求めなさい．また，この振動運動の周期を求めなさい．Oの原子量は15.995，アボガドロ定数$N_\mathrm{A}=6.02\times10^{23}$ mol^{-1}とする．

［解答例］

$$1555\text{ cm}^{-1} = 1555\times10^2\text{ m}^{-1} = 1.555\times10^5\text{ m}^{-1}$$

式(8.11)を変形すると

$$f = \frac{m(2\pi c\tilde{\nu})^2}{2} = \frac{2\pi^2 Mc^2\tilde{\nu}^2}{N_\mathrm{A}}$$

$$= \frac{2\pi^2\times15.995\times10^{-3}\text{ kg}\cdot\text{mol}^{-1}\times(3.00\times10^8)^2\text{ m}^2\cdot\text{s}^{-2}\times(1.555\times10^5)^2\text{ m}^{-2}}{6.02\times10^{23}\text{ mol}^{-1}}$$

$$= 1139.3\cdots\text{ kg}\cdot\text{s}^{-2} \approx 1139\text{ N}\cdot\text{m}^{-1}$$

なお，バネ定数の単位としてはmdyn（ミリダイン）・Å^{-1}が用いられており，N・m^{-1}との間に

> の関係がある.
>
> 周期 T は
>
> $$T = \frac{1}{c\tilde{\nu}} = \frac{1}{3.00 \times 10^8 \text{ m·s}^{-1} \times 1.555 \times 10^5 \text{ m}^{-1}}$$
>
> $$= 2.145 \cdots \times 10^{-14} \text{ s} \approx 21 \text{ fs}$$
>
> である.

1つの原子には x, y, z 方向の3つの運動があるため,運動の自由度は3である.そのため,N 個の原子から構成される分子では,運動の自由度は $3N$ となる.非直線型の分子では,このうち,分子の重心の並進運動の自由度が3,分子全体の回転運動の自由度が3であり,残りの $3N-6$ が振動運動の自由度である.別の言い方をすると,分子のすべての振動運動は,$3N-6$ 個の独立した単振動の重ね合わせで記述できる.これらの単振動においては,分子を構成するすべての原子が同じ振動数で振動するため,**基準振動**(normal vibration)とよばれている.

図8.2に示すような2つの原子を3つのバネで結びつけた系を考えて,基準振動の概念を説明する.x 方向の1次元の運動のみを考慮すると,振動の自由度は2であり,2個の独立した基準振動(単振動)がある.質量 m の原子1と2の平衡位置からの微小変位をそれぞれ Δx_1 と Δx_2 とし,また,原子1と2はバネ定数 f_1 のバネでつながっており,原子1と2はバネ定数 f_0 のバネで壁につながっているとする.

原子1と2の運動方程式は,

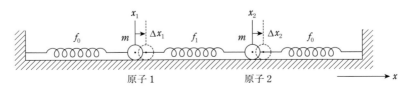

図8.2 2つの原子を3つのバネで結びつけた系(連成振動系)

$$m\frac{\mathrm{d}^2 \Delta x_1}{\mathrm{d}t^2} = -f_0 \Delta x_1 + f_1(\Delta x_2 - \Delta x_1)$$
$$m\frac{\mathrm{d}^2 \Delta x_2}{\mathrm{d}t^2} = -f_0 \Delta x_2 - f_1(\Delta x_2 - \Delta x_1)$$
(8.12)

と表される．これらの連立微分方程式を解くため，式(8.7)に基づいて解を次式のようにおく．

$$\Delta x_1 = A_1 \cos(\omega t + \phi)$$
$$\Delta x_2 = A_2 \cos(\omega t + \phi)$$
(8.13)

式(8.13)を微分方程式(8.12)に代入して計算すると，次の連立方程式が得られる．

$$\begin{cases} (m\omega^2 - f_0 - f_1)A_1 + f_1 A_2 = 0 \\ f_1 A_1 + (m\omega^2 - f_0 - f_1)A_2 = 0 \end{cases}$$
(8.14)

この連立方程式が自明でない解をもつための必要十分条件は

$$\begin{vmatrix} m\omega^2 - f_0 - f_1 & f_1 \\ f_1 & m\omega^2 - f_0 - f_1 \end{vmatrix} = 0$$
(8.15)

である．この行列式を展開すると

$$(m\omega^2 - f_0)(m\omega^2 - f_0 - 2f_1) = 0$$
(8.16)

となり，ゆえに，角振動数 ω は

$$\omega_1 = \sqrt{\frac{f_0}{m}} \quad \text{または} \quad \omega_2 = \sqrt{\frac{f_0 + 2f_1}{m}}$$
(8.17)

という2つの値が得られる．

$\omega_1 = \sqrt{\dfrac{f_0}{m}}$ のときは，式(8.14)から $A_1 = A_2$ であり，

$$\Delta x_1 = A' \cos\left(\sqrt{\frac{f_0}{m}} t + \phi_1\right), \quad \Delta x_2 = A' \cos\left(\sqrt{\frac{f_0}{m}} t + \phi_1\right)$$
(8.18)

となる．

$\omega_2 = \sqrt{\dfrac{f_0 + 2f_1}{m}}$ のときは，式(8.14)から $A_1 = -A_2$ であり，

$$\Delta x_1 = A'' \cos\left(\sqrt{\frac{f_0 + 2f_1}{m}}t + \phi_2\right), \quad \Delta x_2 = -A'' \cos\left(\sqrt{\frac{f_0 + 2f_1}{m}}t + \phi_2\right) \tag{8.19}$$

となる．

式(8.18)と(8.19)から次の線形結合を作ると，未定定数を4個含むので，式(8.12)の一般解である．

$$\begin{aligned}\Delta x_1 &= A' \cos\left(\sqrt{\frac{f_0}{m}}t + \phi_1\right) + A'' \cos\left(\sqrt{\frac{f_0 + 2f_1}{m}}t + \phi_2\right) \\ \Delta x_2 &= A' \cos\left(\sqrt{\frac{f_0}{m}}t + \phi_1\right) - A'' \cos\left(\sqrt{\frac{f_0 + 2f_1}{m}}t + \phi_2\right)\end{aligned} \tag{8.20}$$

初期条件を与えると，未定定数 A', A'', ϕ_1, ϕ_2 が決まる．

一般に，原子1と2が同じ角振動数で振動するとは限らないが，$\omega = \omega_1$ のときは，原子1と2ともに角振動数 ω_1 で振動し，$\omega = \omega_2$ のときは，原子1と2ともに角振動数 ω_2 で振動する．このように，分子を構成する原子が同じ角振動数で動く振動が基準振動である．

連立微分方程式(8.12)を，別の方法で解いてみよう．原子の変位を表す座標 Δx_1 と Δx_2 から，これらの線形結合である新しい座標 Q_1 と Q_2 を考える．つまり，座標変換を考える．天下り的ではあるが，座標変換は次の式で表される．

$$\begin{pmatrix} Q_1 \\ Q_2 \end{pmatrix} = \begin{pmatrix} \dfrac{1}{\sqrt{2}} & \dfrac{1}{\sqrt{2}} \\ -\dfrac{1}{\sqrt{2}} & \dfrac{1}{\sqrt{2}} \end{pmatrix} \begin{pmatrix} \Delta x_1 \\ \Delta x_2 \end{pmatrix} \tag{8.21}$$

座標軸の関係を**図8.3**に示した．直交座標系どうしの座標変換に用いられる変換行列は，直交行列（実ユニタリー行列）である．式(8.21)から

$$\begin{pmatrix} \Delta x_1 \\ \Delta x_2 \end{pmatrix} = \begin{pmatrix} \dfrac{1}{\sqrt{2}} & -\dfrac{1}{\sqrt{2}} \\ \dfrac{1}{\sqrt{2}} & \dfrac{1}{\sqrt{2}} \end{pmatrix} \begin{pmatrix} Q_1 \\ Q_2 \end{pmatrix} \tag{8.22}$$

が得られる．式(8.22)を運動方程式(8.12)に代入して，Q_1 と Q_2 の式に変形すると

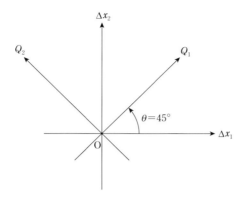

図8.3 座標変換

$$m\frac{\mathrm{d}^2 Q_1}{\mathrm{d}t^2} = -f_0 Q_1$$
$$m\frac{\mathrm{d}^2 Q_2}{\mathrm{d}t^2} = -(f_0 + 2f_1)Q_2 \quad (8.23)$$

となる．微分方程式(8.12)では，1つの式にΔx_1とΔx_2の両方が含まれていたが，微分方程式(8.23)では，1つの式には1種類の座標Q_1またはQ_2しか含まれていない．式(8.23)の2つの微分方程式はともに，単振動を表す運動方程式である．したがって，解はすぐにわかる．

$$\omega_1 = \sqrt{\frac{f_0}{m}} \text{ のとき，} \quad Q_1 = A_1 \cos\left(\sqrt{\frac{f_0}{m}}\,t + \phi_1\right) \quad (8.24)$$

$$\omega_2 = \sqrt{\frac{f_0 + 2f_1}{m}} \text{ のとき，} \quad Q_2 = A_2 \cos\left(\sqrt{\frac{f_0 + 2f_1}{m}}\,t + \phi_2\right) \quad (8.25)$$

Q_1とQ_2を**基準座標**（normal coordinate）とよぶ．

8.2 単原子直線格子の格子振動

前節では原子の個数が有限な系の振動運動を考察したが，結晶は基本構造が無限に連なっているため，無限な系の振動運動すなわち格子振動について考える．いま，図8.4に示した1種類の原子から構成される格子定数aの1次元結晶を考える．質量Mの隣り合う原子がバネ定数fで結合されているとし，前節と同様，調和振動子近似を仮定する．

Δx_jをj番目の原子の平衡位置からの微小変位とすると，j番目の原子に関する運動方程式は

$$M\frac{d^2\Delta x_j}{dt^2} = f(\Delta x_{j+1} - \Delta x_j) - f(\Delta x_j - \Delta x_{j-1}) = f(\Delta x_{j+1} - 2\Delta x_j + \Delta x_{j-1})$$
（8.26）

と表される．

この微分方程式の一般解を，すべての原子（j番目の原子の平衡位置の座標$x_j = ja$）の変位が，同じ角振動数ω，振幅Aで振動する進行波

$$\begin{aligned}\Delta x_j &= A\exp[i(qx_j - \omega t)] = A\exp[i(qaj - \omega t)] \\ &= A\cos(qaj - \omega t) + iA\sin(qaj - \omega t)\end{aligned}$$
（8.27）

であると考えて求める．ここで，qは波数である．電子の状態を扱う際には波数として記号kを使用したが，それと区別するために，記号qを用いることが多い．式(8.27)では，Δx_jの実部であるcosの項が実際の変位を表すと考える．式(8.27)の進行波の解は，格子全体の振動を原子の変位の波としてとらえることを意味する．また，cos関数を使用すると，三角関数の合成などの難しい式の変形を行う必要があるが，複素数を使用すると式の変形が容易となり，解を求めやすくなる．

さて，式(8.27)を微分方程式(8.26)に代入して計算を行うと，左辺は

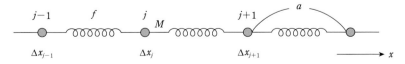

図8.4　単原子直線格子

$$(左辺) = M(-i\omega)^2 A \exp[i(qaj-\omega t)]$$
$$= -\omega^2 MA \exp[i(qaj-\omega t)]$$

右辺は，

$$(右辺) = fA \exp\{i[qa(j+1)-\omega t]\}$$
$$-2fA \exp[i(qaj-\omega t)] + fA \exp\{i[qa(j-1)-\omega t]\}$$
$$= fA \exp[i(qaj-\omega t + qa)]$$
$$-2fA \exp[i(qaj-\omega t)] + fA \exp[i(qaj-\omega t - qa)]$$
$$= A \exp[i(qaj-\omega t)][f \exp(iqa) - 2f + f \exp(-iqa)]$$
$$= f[\exp(iqa) - 2 + \exp(-iqa)] A \exp[i(qaj-\omega t)]$$

となる．両辺は等しいので，

$$-\omega^2 M = f[\exp(iqa) + \exp(-iqa) - 2]$$
$$= 2f[\cos(qa) - 1]$$
$$= -4f \sin^2\left(\frac{qa}{2}\right)$$

が得られる．ここで，ωは正であるから

$$\omega = 2\sqrt{\frac{f}{M}} \left|\sin\left(\frac{a}{2}q\right)\right| \tag{8.28}$$

となる．式(8.28)が求めたかった基準振動の角振動数であり，解そのものである．

図8.5に，式(8.28)についてωをqに対してプロットしたグラフを示した．これは逆格子空間である．格子定数がaであるから逆格子定数は$2\pi/a$であり，第1ブリュアン帯域は$-\pi/a \leq q \leq \pi/a$である．qの全領域で第1ブリュアン帯域の曲線が繰り返されるが，第1ブリュアン帯域の曲線のみが物理的な意味をもつ．

2原子分子とは異なり，結晶では原子が無限につながっているので，基準振動すなわち角振動数ωの個数は無限に存在し，ωは波数qの関数として表されている．ωとqの関係を一般に**分散関係**（dispersion relation）とよび，qに対してωをプロットした曲線を**分枝**（branch）とよぶ．図8.5では，ωとqは比例していない．このような関係のことを「分散がある」という．この系では，分

第8章 格子振動

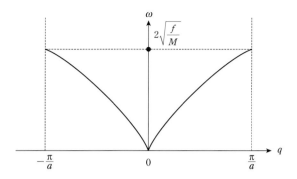

図8.5　単原子直線格子におけるωとqの関係

散関係が1種類の曲線であるが，一般に，結晶の単位胞に含まれる原子数がn個である場合には，$3n$個の分枝がある．このうち，波数qがゼロになるとωがゼロになるような分枝を**音響分枝**（acoustic branch）とよび，音響分枝を示す振動を音響モードとよぶ．音響分枝の詳細については後述する．

j番目の原子と隣り合う$j+1$番目の原子の変位の比は

$$\frac{\Delta x_{j+1}}{\Delta x_j} = \frac{e^{iqa(j+1)}}{e^{iqaj}} = e^{iaq} \tag{8.29}$$

となる．波数qは単位長さあたりの波の数であるから，aqはaだけ進んだときの位相差δを表しており，この式は，隣り合う原子間において，振動運動の位相差はaqであることを示している．第1ブリュアン帯域の中心は$q=0$であり，このときの振動の位相差δはゼロである．このときのすべての原子の変位の様子を**図8.6**(a)に示した．また，第1ブリュアン帯域の端では$q=\pm\pi/a$であるから，$\delta=\pm\pi$である．このときの変位の様子を**図8.6**(b)に示した．図に示すように隣り合う原子は逆の方向に変位している．

qが非常に小さく（波長が非常に長い），$aq\ll 1$の場合には（これを長波長極限とよぶ），

$$\sin\left(\frac{qa}{2}\right) \approx \frac{a}{2}q$$

が成り立つので，式(8.28)は

$$\omega \approx 2\sqrt{\frac{f}{M}}\frac{qa}{2} = \sqrt{\frac{f}{M}}a\,q \tag{8.30}$$

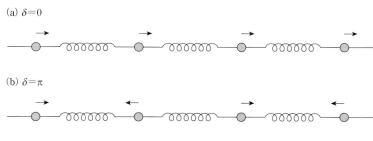

図8.6　$\delta=0$ と $\delta=\pi$ のときの原子変位

となり，ω と q は比例関係にある．原子変位の波の波長が格子間隔よりも十分に長くなると，個々の原子の配列は見えなくなり，1次元格子は連続体としての性質をもつ．そのため，ω が q に比例する結果となったのである．長波長の極限では，位相速度 $v = \omega/q = \sqrt{\dfrac{f}{M}}\,a$ で単原子直線格子を伝わる音波である．

光がもつ粒子的性質をフォトンとして表したように，格子振動の波の粒子的性質を**フォノン**（phonon）とよんでいる．角振動数 ω をもつフォノンのエネルギーは

$$E = \left(n + \frac{1}{2}\right)\hbar\omega \tag{8.31}$$

となる．ここで，n はゼロまたは正の整数で，フォノンの数を表す．結晶が光を吸収して格子振動が励起されることを，「光励起によりフォノンを生成する」と表現する．

8.3　2原子直線格子の格子振動

次に2種類の原子1と2が交互に直線状につながった1次元結晶を考えよう．図8.7に示したように，質量 M_1 と M_2（$M_1 > M_2$）の原子1と2がバネ定数 f でつながっているとする．また，単位胞は2個の原子から構成されるが，その格子定数を a とする．いま，j 番目の単位胞に存在する原子1の変位を $\Delta x_j^{(1)}$，原子2の変位を $\Delta x_j^{(2)}$ とすると，原子1と2に関する運動方程式は

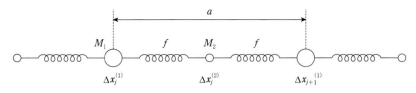

図8.7　2原子直線格子

$$M_1 \frac{d^2 \Delta x_j^{(1)}}{dt^2} = f\left(\Delta x_j^{(2)} - 2\Delta x_j^{(1)} + \Delta x_{j-1}^{(2)}\right)$$
$$M_2 \frac{d^2 \Delta x_j^{(2)}}{dt^2} = f\left(\Delta x_{j+1}^{(1)} - 2\Delta x_j^{(2)} + \Delta x_j^{(1)}\right) \quad (8.32)$$

となる．前節と同様，これらの微分方程式の解を以下のような原子の変位の波を表す式とおく．

$$\Delta x_j^{(1)} = \Delta x^{(1)} \exp\left[i(qaj - \omega t)\right]$$
$$\Delta x_j^{(2)} = \Delta x^{(2)} \exp\left[i(qaj - \omega t)\right] \quad (8.33)$$

ここで，$\Delta x^{(1)}$ と $\Delta x^{(2)}$ は振幅である．

式(8.33)を式(8.32)に代入して計算すると，

$$\begin{cases} -M_1 \omega^2 \Delta x^{(1)} + 2f\Delta x^{(1)} - f(1+e^{-iqa})\Delta x^{(2)} = 0 \\ -f(1+e^{iqa})\Delta x^{(1)} - M_2 \omega^2 \Delta x^{(2)} + 2f\Delta x^{(2)} = 0 \end{cases} \quad (8.34)$$

が得られる．この連立方程式がゼロでない解をもつための必要十分条件は

$$\begin{vmatrix} -M_1\omega^2 + 2f & -f(1+e^{-iqa}) \\ -f(1+e^{iqa}) & -M_2\omega^2 + 2f \end{vmatrix} = 0 \quad (8.35)$$

である．この行列式を展開して解くと，

$$\omega_\pm^2 = \frac{f}{M_1 M_2}\left[M_1 + M_2 \pm \sqrt{(M_1+M_2)^2 - 4M_1 M_2 \sin^2\left(\frac{a}{2}q\right)}\right] \quad (8.36)$$

が得られる．**図8.8**には波数 q に対して ω_+ と ω_- をプロットしたグラフを示した．

まず，$q=0$ の場合の ω_+ について考えると，角振動数は

$$\omega_+ = \sqrt{\frac{2f(M_1+M_2)}{M_1 M_2}} = \sqrt{\frac{2f}{\mu}} \quad (8.37)$$

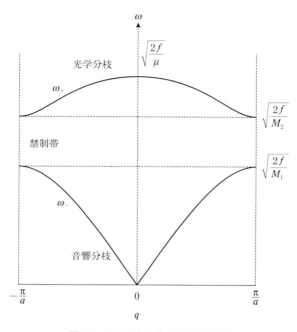

図8.8 2原子直線格子の分散曲線

である.ただし,上式における μ は8.1節でも述べた換算質量であり,ここでは

$$\frac{1}{\mu} = \frac{1}{M_1} + \frac{1}{M_2} \tag{8.38}$$

である.このとき,振幅の比は,式(8.34)からわかるように次式のようになる.

$$\frac{\Delta x^{(1)}}{\Delta x^{(2)}} = -\frac{M_2}{M_1} \tag{8.39}$$

この式を変形すると $M_1 \Delta x^{(1)} + M_2 \Delta x^{(2)} = 0$ となり,重心が動かないことを表している.

この振動は,2種類の原子が逆向きに動く伸縮振動である.この振動により電気双極子モーメントが変化するので,赤外吸収スペクトルで観測することができる.ω_+ は,$q \to 0$ で $\omega_+ \to 0$ とはならない.このような曲線(分枝)を**光学分枝**(optical branch)とよぶ.また,光学分枝を示す振動を光学モードとよぶ.

一方,ω_- は,$q=0$ のとき $\omega_-=0$ となるため,単原子直線格子で記述した音

167

響モードである．また，長波長の極限（$aq \ll 1$）では，

$$\omega_- \approx \sqrt{\frac{f}{2(M_1+M_2)}} aq \qquad (8.40)$$

と近似できる．したがって，音波の位相速度 ω_-/q は，$\sqrt{f/2(M_1+M_2)}\,a$ である．また，$q=\pi/a$ のとき，ω_+, ω_- はそれぞれ

$$\omega_+ = \sqrt{\frac{2f}{M_2}} \qquad (8.41)$$

$$\omega_- = \sqrt{\frac{2f}{M_1}} \qquad (8.42)$$

である．ω_+ については，$\Delta x^{(1)}=0, \Delta x^{(2)} \neq 0$ であり，重い原子が止まっていて，軽い原子が振動する．また，ω_- については，$\Delta x^{(1)} \neq 0, \Delta x^{(2)} = 0$ であり，軽い原子が止まっていて，重い原子が振動する．

なお，これまでの例では縦波のみを考えていたが，3次元結晶では，音響モードに縦波（longitudinal acoustic, LA）と横波（transverse acoustic, TA）があり，また，光学モードにも縦波（longitudinal optical, LO）と横波（transverse optical, TO）がある．

8.4　シリコンの振動

無機半導体の代表は Si である．Si 結晶は立方晶系をとり，格子定数は 5.43 Å である．図 8.9 に示したように，Si 原子は sp^3 混成軌道を形成し，1つの Si 原子は正四面体構造をとって4つの Si 原子と共有結合を形成している．シリコンの格子は面心立方格子とそれを対角線に沿ってその 1/4 だけ移動したものから構成されており，ダイヤモンドと同じ構造である．このような構造の格子振動の解析は，1原子や2原子直線格子よりも難しいので，結果のみを紹介すると，$q=0$ では，TO と LO の3つのモードが同じ振動数に重なっており（三重縮重とよぶ），隣り合う Si 原子間のバネ定数を f, Si 原子の質量を M とすると，角振動数は $\omega = \sqrt{8f/M}$ と表される．

ラマンスペクトルの選択律によると，$q=0$ における遷移が観測される．図 8.10(a) に示したように，ラマンスペクトルでは，Si 単結晶の格子振動は約 521 cm^{-1} に観測される．多結晶状態では，結晶のサイズがこの振動の振動数

8.4 シリコンの振動

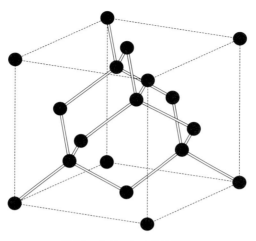

図8.9 シリコンの結晶構造

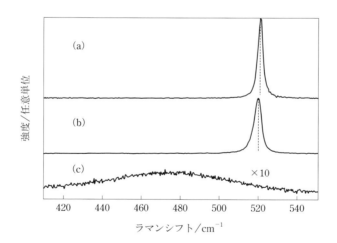

図8.10 シリコン（a：単結晶，b：多結晶，c：アモルファス状態）のラマンスペクトル
[I. de Wolf, "Semiconductors", in *Analytical Applications of Raman Spectroscopy*, ed. by J. Pelletier, Blackwell Science (1999), Chapter 10, Fig. 10.6]

に影響を及ぼすので，ピーク位置が少し低波数側にシフトし，バンドは非対称になり，幅が広くなる．また，アモルファス状態では，結晶構造の歪みが大きく，480 cm^{-1}付近を中心とした非常に幅広いバンドとなる．このように格子振動を観測することにより，固体構造に関する知見を得ることができる．

コラム 8.1　　ラマン分光測定

物質に単一の波長のレーザー光を照射して，その物質から出てくる光を検出すると，入射光と同じ波長の光の他に，異なる波長の光が検出される．具体的には入射光の振動数を ν_0 とすると，$\nu_0, \nu_0 \pm \nu_1, \nu_0 \pm \nu_2, \cdots, \nu_0 \pm \nu_k, \cdots$ の光が検出される．入射光と同じ振動数の散乱光を**レイリー散乱**（Rayleigh scattering）光，入射光と異なる振動数の散乱光を**ラマン散乱**（Raman scattering）光とよぶ．入射光とラマン散乱光の振動数，すなわちエネルギー差を**ラマンシフト**（Raman shift）とよぶ．ラマン散乱光は，ν_0 から同じ振動数 ν_k だけ正負にシフトした位置に対となって観測される．励起光よりも低い振動数（長い波長）に観測される散乱光を**ストークスラマン散乱**（Stokes Raman scattering）光，高い振動数（短い波長）に観測される散乱光を**アンチストークスラマン散乱**（anti-Stokes Raman scattering）光とよぶ．一般に，ストークスラマン散乱光の強度は，アンチストークスラマン散乱光の強度よりも強いので，通常は，ストークスラマン散乱光を測定する．波数を横軸に，散乱強度を縦軸に表示したスペクトルを**ラマンスペクトル**（Raman spectrum）とよぶ．通常，横軸は波数（cm^{-1}）で表示する．ストークスラマン散乱過程では，散乱光の光子エネルギーは入射光の光子エネルギーよりも小さく，その分のエネルギーを物質が得る．すなわち，

$$h\nu_0 - (h\nu_0 - h\nu_k) = h\nu_k = E_f - E_i$$

である．ここで，E_i と E_f は物質のエネルギーで，$E_f > E_i$ である．アンチストークスラマン散乱過程では，散乱光の光子エネルギーは入射光の光子エネルギーよりも大きく，高いエネルギー準位にある物質が，その分のエネルギーを失う．すなわち，

$$(h\nu_0 + h\nu_k) - h\nu_0 = h\nu_k = E_f - E_i$$

ラマン散乱過程には共鳴効果がある．これを**共鳴ラマン効果**（resonance Raman effect）といい，散乱断面積が大きくなるので，分光分析に利用されている．

He–Ne レーザーの 632.8 nm 光を励起光として，ダイヤモンドのラマン散乱を測定すると，ダイヤモンドの格子振動（1332 cm^{-1}）を観測することができる．そのとき，ストークスラマン散乱光の波長は 691.0 nm で，アンチストークスラマン散乱光の波長は 583.6 nm である．

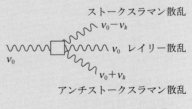

図　ラマン散乱とレイリー散乱

8.5 ポリアセチレンの振動

トランス−ポリアセチレンは，図8.11(a)に示した平面構造をとることが知られている．炭素・炭素結合は単結合と二重結合が交互になっており，C＝C−Cの角度は約120°である．この章では簡単のため，図8.11(b)に示したようにCHを質点と考えて，それが単結合と二重結合で交互につながっている簡略化した構造を仮定する．CH単位の質量をMとし，C＝C結合とC−C結合のバネ定数をそれぞれf_1とf_2とする．このとき，二重結合のバネ定数は単結合のバネ定数よりも大きい．すなわち，$f_1 > f_2$である．また，CH単位の変位については高分子の主鎖方向であるx軸方向の変位のみを考慮する．図8.11(b)に示したj番目の繰り返し単位のうちのCH単位 1 と 2 の変位をそれぞれ$\Delta x_j^{(1)}$と$\Delta x_j^{(2)}$とする．運動方程式は

$$\begin{aligned}
M \frac{d^2 \Delta x_j^{(1)}}{dt^2} &= f_1(\Delta x_j^{(2)} - \Delta x_j^{(1)}) - f_2(\Delta x_j^{(1)} - \Delta x_{j-1}^{(2)}) \\
&= f_1 \Delta x_j^{(2)} - (f_1 + f_2)\Delta x_j^{(1)} + f_2 \Delta x_{j-1}^{(2)} \\
M \frac{d^2 \Delta x_j^{(2)}}{dt^2} &= f_2(\Delta x_{j+1}^{(1)} - \Delta x_j^{(2)}) - f_1(\Delta x_j^{(2)} - \Delta x_j^{(1)}) \\
&= f_2 \Delta x_{j+1}^{(1)} - (f_1 + f_2)\Delta x_j^{(2)} + f_1 \Delta x_j^{(1)}
\end{aligned} \quad (8.43)$$

と表される．

解として，前節の例と同じように，CH単位の変位の波を表す式を以下のようにおく．

$$\Delta x_j^{(1)} = \Delta x^{(1)} \exp[i(qaj - \omega t)], \quad \Delta x_j^{(2)} = \Delta x^{(2)} \exp[i(qaj - \omega t)] \quad (8.44)$$

ここで，$\Delta x^{(1)}$と$\Delta x^{(2)}$は振幅である．

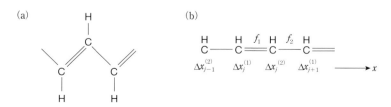

図8.11　トランス−ポリアセチレンの構造

これらの式を連立微分方程式(8.43)に代入して計算すると,

$$(-M\omega^2 + f_1 + f_2)\Delta x^{(1)} - [f_1 + f_2 \exp(-iqa)]\Delta x^{(2)} = 0$$
$$-[f_1 + f_2 \exp(iqa)]\Delta x^{(1)} + (-M\omega^2 + f_1 + f_2)\Delta x^{(2)} = 0 \tag{8.45}$$

となる．ゼロでない解が存在するための必要十分条件は

$$\begin{vmatrix} -M\omega^2 + f_1 + f_2 & -f_1 - f_2 \exp(-iqa) \\ -f_1 - f_2 \exp(iqa) & -M\omega^2 + f_1 + f_2 \end{vmatrix} = 0 \tag{8.46}$$

である．この行列式を展開して解くと,

$$\omega_\pm = \frac{1}{\sqrt{M}}\left[f_1 + f_2 \pm \sqrt{(f_1 + f_2)^2 - 4f_1 f_2 \sin^2\left(\frac{a}{2}q\right)}\right]^{1/2} \tag{8.47}$$

となる．ωとqの関係（分散関係）を図8.12に示した．この系では, ω_+とω_-の2つの分枝が存在する．ω_-は音響モードで, ω_+は光学モードである．

まず, $q = 0$の場合について考えると,

$$\omega_+ = \sqrt{\frac{2(f_1 + f_2)}{M}}, \quad \frac{\Delta x^{(1)}}{\Delta x^{(2)}} = -1 \tag{8.48}$$

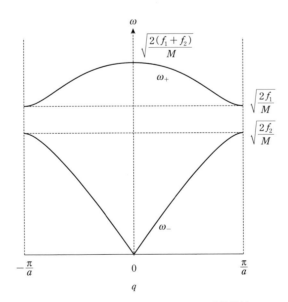

図8.12 トランスポリアセチレンの分散曲線

$$\omega_- = 0, \quad \frac{\Delta x^{(1)}}{\Delta x^{(2)}} = 1 \tag{8.49}$$

である．光学モードではCH単位1と2は互いに逆方向に動く伸縮振動をするので，C＝C結合とC−C結合の伸びる運動と縮む運動が逆位相で生じることがわかる．

一方，$q = \pi/a$ の場合は，

$$\omega_+ = \sqrt{\frac{2f_1}{M}}, \quad \frac{\Delta x^{(1)}}{\Delta x^{(2)}} = -1 \tag{8.50}$$

$$\omega_- = \sqrt{\frac{2f_2}{M}}, \quad \frac{\Delta x^{(1)}}{\Delta x^{(2)}} = 1 \tag{8.51}$$

である．

$q = 0$ における遷移は，ラマンスペクトルまたは赤外吸収スペクトルで観測される．トランス－ポリアセチレンの薄膜のラマンスペクトルを図8.13に示した．1458 cm^{-1} に観測されるラマンバンドが計算で求めた振動に対応している．実測スペクトルでは，その他のバンドも観測されているが，今回，振動数計算に使ったモデルでは，すべての振動の自由度を考慮しているわけではないので，実測スペクトルをすべて帰属するためには，全自由度を考慮した基準振動計算を行う必要がある．

有機化合物の結晶や多原子イオンを含む結晶などでは，基準振動を分子内振動と格子振動に分けることができる．

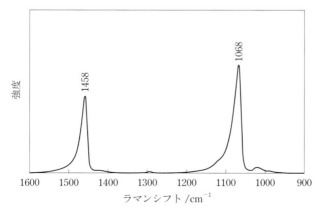

図8.13　トランス－ポリアセチレンフィルムのラマンスペクトル

❖演習問題

8.1 式(8.7)と(8.8)は微分方程式(8.6)の解であることを確認しなさい．

8.2 式(8.22)を運動方程式(8.12)に代入して，式(8.23)を誘導しなさい．

8.3 調和振動子近似のもと，単原子直線格子のポテンシャルエネルギー V を求め，以下の式から j 番目の原子に働く力を求めて，運動方程式(8.26)の右辺を導きなさい．

$$F = -\frac{\partial V}{\partial \Delta x_j}$$

8.4 単原子直線格子の格子振動に関して，$\Delta x_j = A\cos(qaj - \omega t)$ とおき，式(8.26)に代入して，解を求めなさい．

8.5 式(8.44)を微分方程式(8.43)に代入し，式(8.45)を導出しなさい．

8.6 トランス−ポリアセチレンについて，1458 cm^{-1} のラマンバンド波数から，$f_1 + f_2$ を計算して求めなさい．

第9章　　光物理

　有機分子では，光の吸収や増感により電子励起状態が生成し，励起状態にある有機分子は光（蛍光とリン光）や熱を放出して基底状態に戻る．この基底状態に戻る過程を緩和という．本章では，このような励起状態の緩和過程の概要およびそれに関連する機能について説明する．

9.1　光の吸収と蛍光

　ペリレンを例として，光の吸収について説明する．ペリレンを有機溶媒に溶かして角セルに入れ，これに強度I_0をもつ紫外・可視光を照射したときの透過光の強度をIとする．このとき，光が吸収される程度を表す物理量，**吸光度**（absorbance）Aは，

$$A = \log \frac{I_0}{I} \tag{9.1}$$

で定義される．光の波長やエネルギーを横軸に，吸光度を縦軸にプロットしたものを**吸収スペクトル**（absorption spectrum）とよぶ．波長の単位にはnm，エネルギーの単位にはcm^{-1}やeVが用いられる．**図9.1**(a)に，ペリレン溶液の吸収スペクトルを示した．波長の範囲が紫外・可視領域であるので，これは紫外・可視吸収スペクトルとよばれる．図9.1(a)の吸収スペクトルには，いくつかのピークが観測されている．これらのピークは分子の振動に基づくもので，振動プログレッションとよばれる．これについては後述する．

　ペリレンの溶液が入ったセルに，ペリレンが吸収する波長，例えば370 nmの光を当てて，蛍光強度を波長の関数として測定し，光の波長やエネルギーを横軸に，蛍光強度を縦軸にプロットしたものを**蛍光スペクトル**（fluorescence spectrum）とよぶ．図9.1(b)にペリレンの蛍光スペクトルを示した．蛍光スペクトルにもいくつかのピーク，すなわち振動プログレッションが観測されている．ペリレン分子の吸収スペクトルと蛍光スペクトルは，厳密ではないが，

第9章 光物理

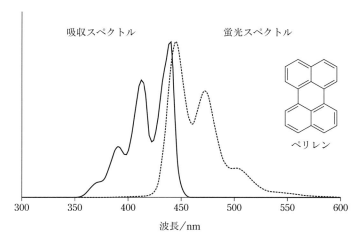

図9.1 ペリレンのベンゼン溶液の吸収・蛍光スペクトル
蛍光測定の励起光波長は370 nm.

左右対称であり，これを**鏡像関係**（mirror image）とよぶ．

9.2 分子による光の吸収・発光と断熱ポテンシャルエネルギー曲線

　ペリレンについて観測された吸収・蛍光スペクトルは，ペリレン分子の電子状態と関係している．分子は，電子と原子核から構成されている．電子の静止質量は 9.11×10^{-31} kg，陽子の静止質量は 1.67×10^{-27} kg であり，電子の質量は原子核の質量に比べて非常に小さい．したがって，光の吸収や発光にともなって分子中に存在する電子の状態が変化するときには，原子核の位置が静止しているとみなし，原子核は非常に速く動く電子の平均的な力を受けて振動すると考える．このような考え方を**ボルン・オッペンハイマー近似**（Born-Oppenheimer approximation）あるいは**断熱近似**（adiabatic approximation）とよぶ（第3章も参照）．また，断熱近似のもとで分子のポテンシャルエネルギーをプロットした曲線を**断熱ポテンシャル**（adiabatic potential）という．断熱ポテンシャルにより分子の振動運動は規定される．分子の電子状態のエネルギーは離散的な値をとり，その数は多い．そのうちもっとも安定な状態を**基底状態**（ground

9.2 分子による光の吸収・発光と断熱ポテンシャルエネルギー曲線

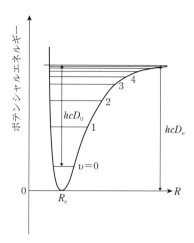

図9.2 モースポテンシャルエネルギー曲線と振動エネルギー準位

state）とよび，それ以外の状態を**励起状態**（excited state）とよぶ．

ある断熱ポテンシャルのもとで，分子の振動のエネルギーは離散的な値をとる．いま，結合長がRである2原子分子を考える．基底状態の断熱ポテンシャルのモデル関数として，**図9.2**に示したモースポテンシャルエネルギー（Morse potential energy）曲線

$$V(R) = hcD_{\mathrm{e}} \left[1 - \mathrm{e}^{-a(R-R_{\mathrm{e}})} \right]^2 \tag{9.2}$$

がよく使われている．ここで，hcD_{e}はポテンシャルの極小の深さであり，R_{e}は平衡結合距離である．

第8章でも述べたように，2原子分子が調和振動をしていると仮定する近似を**調和振動子近似**とよぶ．**力の定数**または**バネ定数**（force constant）をfとすると調和振動子近似のポテンシャル曲線は

$$V(R) = \frac{1}{2} f R^2 \tag{9.3}$$

となり，この式から

$$f = \left(\frac{\mathrm{d}^2 V}{\mathrm{d} R^2} \right)_0 \tag{9.4}$$

が得られる．ここで，添え字の0は平衡結合距離の値（$R=R_{\mathrm{e}}$）であることを

示す.調和振動子近似では,ポテンシャル曲線は放物線となり,Rが無限大になれば$V(R)$も無限大になる.しかし,実際には,ある結合長以上では分子の結合は切断され,調和振動子近似は成り立たなくなる.結合距離が大きくなったときにポテンシャルエネルギーが結合解離エネルギーに近づくような関数がモースポテンシャルエネルギー曲線である.そのため,モースポテンシャルエネルギー曲線は,平衡結合距離付近では調和振動子近似のポテンシャルエネルギー曲線と似ているが,結合距離が大きなところでは乖離している.

式(9.2)と式(9.4)から,

$$a = \sqrt{\frac{f}{2hcD_e}} = \sqrt{\frac{\mu\omega^2}{2hcD_e}} \tag{9.5}$$

となる.ここで,調和振動子近似のもとでは,振動数νは

$$\nu = \frac{1}{2\pi}\sqrt{\frac{f}{\mu}} \tag{9.6}$$

と表されることを使った.μは第8章で述べた**換算質量**(reduced massまたはeffective mass)であり,

$$\frac{1}{\mu} = \frac{1}{m_1} + \frac{1}{m_2} \tag{9.7}$$

である.

モースポテンシャルエネルギー関数に関しては,シュレーディンガー方程式を解くことができて,エネルギーの固有値は

$$E_\upsilon = h\nu\left(\upsilon + \frac{1}{2}\right) - h\nu x_e\left(\upsilon + \frac{1}{2}\right)^2 \quad (\upsilon = 0, 1, 2, \cdots) \tag{9.8}$$

$$x_e = \frac{a^2 h}{4\pi\mu\nu} \tag{9.9}$$

と求められる.ここで,υは**振動量子数**(quantum number)である.x_eは**非調和定数**(anharmonicity constant)とよばれる.

図9.2に示したように,もっとも低いエネルギーE_0は,放物線の底から

$$E_0 = \frac{1}{2}h\nu\left(1 - \frac{x_e}{2}\right) \tag{9.10}$$

の高さにあり,エネルギーが高くなると,エネルギー間の間隔が狭くなっている.この2原子分子の**結合解離エネルギー**(dissociation energy)hcD_0は,

$$hcD_0 = hcD_\mathrm{e} - E_0 \qquad (9.11)$$

となる．多原子分子では，振動の自由度が大きくなるので，断熱ポテンシャルは多次元の式で表される．

例題9.1 モースポテンシャルエネルギー曲線（式(9.2)）において，エネルギーが極小であるRの値がR_eであることを確認しなさい．また，力の定数fを式(9.4)を用いて計算し，式(9.5)を導きなさい．

[解答例]

$$\frac{dV}{dR} = hcD_\mathrm{e} \left[2a\mathrm{e}^{-a(R-R_\mathrm{e})} - 2a\mathrm{e}^{-2a(R-R_\mathrm{e})} \right] = 0$$

$$\mathrm{e}^{-a(R-R_\mathrm{e})} \left[1 - \mathrm{e}^{-a(R-R_\mathrm{e})} \right] = 0$$

$$\therefore \quad R = R_\mathrm{e}$$

$$\frac{d^2V}{dR^2} = hcD_\mathrm{e} \left[-2a^2\mathrm{e}^{-a(R-R_\mathrm{e})} + 4a^2\mathrm{e}^{-a(R-R_\mathrm{e})} \right]$$

$$f = \left(\frac{d^2V}{dR^2} \right)_0 = hcD_\mathrm{e} \times 2a^2$$

$$\therefore a = \sqrt{\frac{f}{2hcD_\mathrm{e}}}$$

光の吸収現象は，電子基底状態の断熱ポテンシャルから励起状態の断熱ポテンシャルへの**遷移**（transition）として説明できる．原子核は電子よりもかなり重いので，電子遷移の直後では電子の状態のみが変化し，原子核の位置および運動量は変化しないとする．これを**フランク・コンドンの原理**（Franck-Condon principle）とよぶ．光の吸収では，電子は基底状態から励起状態へ遷移し，結合長Rの値を維持したまま，すなわち，断熱ポテンシャルエネルギー曲線の図で垂直に遷移が起こる．そのため，**垂直遷移**（vertical transition）とよばれている．また，垂直遷移した直後の状態を**フランク・コンドン状態**（Franck-Condon state）とよぶ．

吸収や発光スペクトルで観測されるバンドの面積強度A^iは，

第9章 光物理

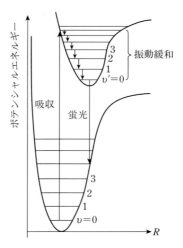

図9.3 光の吸収と蛍光のメカニズム

$$A^i \propto |\langle \psi_\mathrm{f} | \hat{\mu} | \psi_\mathrm{i} \rangle|^2 \tag{9.12}$$

と表される．ここで，$\hat{\mu}$ は電気双極子モーメント演算子で，ψ_i は始めの状態の波動関数，ψ_f は終わりの状態の波動関数であり，$\langle \psi_\mathrm{f} | \mu | \psi_\mathrm{i} \rangle$ は**遷移電気双極子モーメント**（transition electric dipole moment），一般には，**遷移モーメント**（transition moment）とよばれる．波動関数は，電子状態と振動状態の波動関数の積で表される．遷移双極子モーメントはベクトル量であり，次元は電気双極子モーメントと同様である．

図9.3に，光の吸収と蛍光の様子を模式的に示した．分子は，電子基底状態の振動基底状態（$v=0$）から，電子励起状態のいくつかの振動状態，例えば，$v'=0, 1, 2$ に遷移するので，吸収スペクトルにいくつかのピークが観測される．このとき，吸収する光の光子エネルギーは，分子のエネルギー準位の差に等しいという**ボーアの振動数条件**（Bohr frequency condition）

$$h\nu = hc\tilde{\nu} = \hbar\omega = \Delta E = E_m - E_n \tag{9.13}$$

が成り立つ．ここで，$\tilde{\nu}$ は波数，ω は角振動数である．

> **例題9.2** ペリレンの吸収スペクトルで，$v=0$ から $v'=0$ への遷移が 440 nm に観測された．電子基底状態と電子励起状態のエネルギー差を eV 単位で求めなさい．
>
> [解答例]
>
> $$\frac{1}{440\times 10^{-9}\times 10^{2}}\times\frac{1}{8066}=2.817\cdots\approx 2.82\text{ eV}$$
>
> 単位について，1 eV $\cong$ 8066 cm^{-1} である．

 多原子分子では，振動状態間の遷移が重なり，多くの振動プログレッションが観測される．光の吸収により基底状態から電子励起状態の振動励起状態に遷移した分子は，フェムト(10^{-15})～ピコ秒(10^{-12})のオーダーで最低のエネルギーをもつ振動準位まで変化する．これを**振動緩和**（vibrational relaxation）とよぶ．蛍光スペクトルでは，この電子励起状態の振動基底状態（$v'=0$）から，電子基底状態のいくつかの振動状態，例えば $v=0, 1, 2$ に遷移するので，蛍光スペクトルにいくつかのピークが観測される．このときにもボーアの振動数条件が成り立つ．

 有機化合物の電子状態では，第3章で学んだ電子のスピン状態が重要である．電子スピンの**多重度**（multiplicity）は，スピン磁気量子数 m_s のすべての電子についての和 S を用いて，$2S+1$ で表される．電子を偶数個，例えば，水素分子のように2個もつ分子は，基底状態では多重度が1で，**一重項状態**（singlet state）とよばれ，記号Sで表される．電子励起状態では，スピン多重度が1の一重項状態の他に，多重度が3の**三重項状態**（triplet state）があり，記号Tで表される．図9.1に示したペリレンの蛍光は，励起一重項状態から基底一重項状態への遷移により生じる発光であり，有機化合物における励起一重項状態からの発光を**蛍光**とよぶ．

9.3 リン光

 分子の蛍光スペクトルは吸収スペクトルよりも長波長側に観測されるが，蛍光スペクトルよりもかなり長波長側に発光が観測されることがある．この発光

第9章 光物理

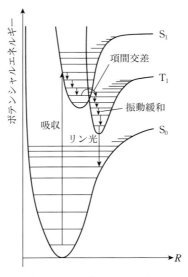

図9.4 リン光のメカニズム

の寿命(後述)はマイクロ～ミリ秒のオーダーであり,蛍光に比べて長い.このような発光を**リン光**(phosphorescence)とよぶ.図9.4に,リン光過程を断熱ポテンシャル曲線上に示した.最低励起一重項状態S_1の分子が振動緩和する際に,途中で,最低励起三重項状態T_1に移ることがある.こうしたスピン多重度が異なる状態間の遷移を**項間交差**(intersystem crossing, ISC)とよぶ.項間交差は光を放出しない過程である.図9.4においては,S_1状態とT_1状態のポテンシャル曲線が交差している点,すなわち結合距離が同じ点があり,その結合長において項間交差が起こる.T_1の振動励起状態に移った後,振動基底状態まで緩和してリン光を放出し,基底一重項状態S_0に戻る.リン光はスピン多重度が異なる状態間の発光と定義される.図9.4から,リン光が観測される波長位置は,必ず蛍光よりも長波長側に位置することがわかる.多重度の異なる状態間における遷移にはスピン選択則とよばれる法則があり,スピン選択則によるとリン光は禁制遷移である.

スピン選択則

同じ電子スピンの状態間の遷移は許容であり,異なる電子スピンの状態間の

遷移は禁制である.

しかし実際は，**スピン・軌道相互作用**（spin-orbit interaction）のために，一重項と三重項の波動関数の混合が生じ，吸収や発光がわずかではあるが観測される.

9.4　励起状態のダイナミクス

　高いエネルギーの電子励起状態にある分子が，化学反応をともなわずに，さまざまな経路をへて，基底状態に戻る過程を**緩和過程**（relaxation process）とよぶ．このうち，エネルギーを光として放出することを，**放射過程**（radiative process）とよび，エネルギーを周囲に存在する溶媒などの分子に熱として放出することを，**無放射過程**（nonradiative process）とよぶ．

　いま基底状態 S_0 にある分子を考える．この分子にある波長の光を照射したときに，第二励起一重項状態 S_2 の振動励起状態が生成したとする．この状態はエネルギーが高い状態なので，よりエネルギーの低い安定な基底状態へと自然に戻る．起こりうるさまざまな緩和過程を図9.5に示した．この図では，断

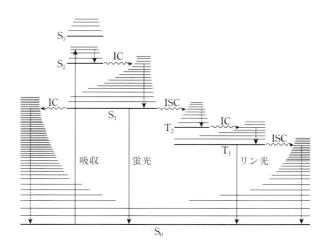

図9.5　ジャブロンスキー図
IC：内部転換，ISC：項間交差

熱ポテンシャルエネルギー曲線ではなく，分子のエネルギー準位を横線で表している．このような図は**ジャブロンスキー図**（Jablónski diagram）と呼ばれる．S_2 の振動励起状態にある分子は，まず，S_2 の振動基底状態まで振動緩和し，S_1 の振動励起状態へ遷移する．S_2 から光を放出せずに S_1 に変化する過程を**内部転換**（internal conversion, IC）とよぶ．S_1 の振動励起状態に遷移した後は，S_1 の振動基底状態まで振動緩和する．このように高い電子励起状態に遷移した分子は，そのスピン多重度でもっともエネルギーの低い電子励起状態の振動基底状態（いまの場合 S_1）に緩和してから，発光する．これを**カシャの法則**（Kasha's rule）とよぶ．上述のように S_1 の振動基底状態からは，蛍光を放出して S_0 に遷移する過程や，光を放出せずに，エネルギーを周囲に存在する溶媒などの分子に熱として放出して，S_0 に遷移する無放射過程も存在する．

以下では，S_0 と S_1 の2つの電子状態からなる系を考え，励起状態の緩和過程を定量的に取り扱ってみよう．**図9.6** にエネルギー図を示した．光により S_0 から S_1 に励起され，放射過程（蛍光）と無放射過程で S_0 に戻る場合を考える．気相中や希薄溶液中などでは，励起状態の緩和は1次反応であることが知られている．放射過程と無放射過程の速度定数をそれぞれ k_F および k_{FQ} とすると，S_1 の濃度 $[S_1]$ は，次の速度式で表される．

$$-\frac{d[S_1]}{dt} = (k_F + k_{FQ})[S_1] \tag{9.14}$$

この式を積分すると，

$$[S_1] = [S_1]_0 \, e^{-(k_F + k_{FQ})t} \tag{9.15}$$

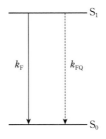

図9.6　S_1 と S_0 の2準位系の緩和過程
→ は放射過程，⇢ は無放射過程．

が得られる．ここで，$[S_1]_0$は始めの状態（$t=0$）の濃度である．蛍光強度は濃度に比例するので，$[S_1]$と$[S_1]_0$に対応する蛍光の強度をそれぞれIおよびI_0とおくと，

$$I = I_0 e^{-(k_F + k_{FQ})t} \tag{9.16}$$

となる．そして，次式で表されるτを**寿命**（lifetime）とよぶ．

$$\tau = \frac{1}{k_F + k_{FQ}} \tag{9.17}$$

寿命と速度定数は逆数の関係にある．蛍光スペクトルの強度を時間の関数として測定することにより，実験から寿命を求めることができる．電子励起状態の緩和が放射過程のみで起こると仮定した場合の寿命τ_Rを**放射寿命**（radiative lifetime）または**自然寿命**（natural lifetime）とよぶ．放射寿命は

$$\tau_R = \frac{1}{k_R} \tag{9.18}$$

と表される．

発光に関しては，入射した光子数に対する発光により生じた光子数の比を**量子収率**（quantum yield）とよび，実験で決めることができる．量子収率$\varPhi$は，

コラム 9.1　　蛍光の寿命と量子収率の測定

蛍光の強度を時間の関数として測定し，解析することにより，蛍光の寿命を求めることができる．時間分解測定，ストリークカメラを使用した方法，時間相関光子計数法などがある．蛍光強度が単一指数関数で減衰する場合，時間に対してこのような手法で得られた蛍光強度を対数スケールでプロットすると直線となり，その傾きから寿命を求めることができる．

一方，量子収率の測定には，相対法と絶対法がある．相対法では，量子収率が既知の標準物質（ローダミンなど）と試料の蛍光スペクトルを同一の条件で測定し，積分強度を比較することにより，量子収率を求める．計算の際には分光感度や屈折率などの補正が必要である．この方法は主に，溶液試料に適用される．固体試料では誤差が大きい．絶対法では，積分球を用いて全発光を計測し，量子収率を直接求める．この方法でもさまざまな補正が必要となるが，現在では装置が市販されており，固体試料の測定に適している．

反応速度定数の値を用いて

$$\Phi = \frac{k_F}{k_F + k_{FQ}} \tag{9.19}$$

となる．したがって，

$$\tau = \Phi \tau_R \tag{9.20}$$

が成り立つ．この式からわかるように緩和過程における無放射過程の寄与が増すと蛍光寿命は短く，量子収率は小さくなる．また，蛍光を出す物質の溶液中などに，蛍光を消光する物質が不純物として含まれていると，純物質の蛍光と比べて寿命が短く，量子収率が小さくなる．

> **例題9.3** ナフタレンはS_1からS_0へ，蛍光放射過程と無放射過程で緩和する．蛍光の量子収率を測定したところ0.19であり，蛍光寿命を測定すると96 nsであった．放射寿命を求めなさい．
>
> ［解答例］
>
> $$\tau_R = \frac{\tau}{\Phi} = \frac{96 \text{ ns}}{0.19} = 5.1 \times 10^2 \text{ ns}$$

次に，S_0，S_1，T_1の3つの電子状態からなる系に関して考えてみよう．**図9.7**にエネルギー図を示した．S_1とT_1の濃度をそれぞれ$[S_1]$および$[T_1]$とすると，次の速度方程式を満たす．

$$\frac{d[S_1]}{dt} = -(k_F + k_{FQ} + k_{ISC})[S_1] \tag{9.21}$$

$$\frac{d[T_1]}{dt} = k_{ISC}[S_1] - (k_P + k_{PQ})[T_1] \tag{9.22}$$

ここで，k_{ISC}は項間交差の速度定数，k_Pはリン光の速度定数，k_{PQ}はT_1からの無放射過程の速度定数である．初期条件として，$t=0$におけるS_1の濃度を$[S_1]_0$，T_1の濃度をゼロとすると，上式から

$$[S_1] = [S_1]_0 e^{-(k_F + k_{FQ} + k_{ISC})t} \tag{9.23}$$

9.4 励起状態のダイナミクス

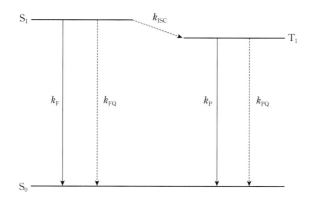

図9.7 S_1, T_1, S_0の3準位系の緩和過程

$$[T_1] = \frac{k_{ISC}[S_1]_0}{k_F + k_{FQ} + k_{ISC} - (k_P + k_{PQ})}\left[e^{-(k_P + k_{PQ})t} - e^{-(k_F + k_{FQ} + k_{ISC})t}\right] \quad (9.24)$$

が得られる．[T_1]は始めの段階では時間とともに増加するが，しばらくして極大値を示し，減少していく．

このとき，蛍光の放射寿命τ_Fは

$$\tau_F = \frac{1}{k_F + k_{FQ} + k_{ISC}} \quad (9.25)$$

で表される．また，リン光の寿命τ_Pに関しては一般に$\tau_P \gg \tau_F$であるため，速度定数k_Pに関しては$k_F + k_{FQ} + k_{ISC} \gg k_P + k_{PQ}$の関係が成り立つことが多く，その場合には，

$$\tau_P = \frac{1}{k_P + k_{PQ}} \quad (9.26)$$

で表される．また，この系において，蛍光の量子収率Φ_Fとリン光の量子収率Φ_Pはそれぞれ，

$$\Phi_F = \frac{k_F}{k_F + k_{FQ} + k_{ISC}} \quad (9.27)$$

$$\Phi_P = \frac{k_{ISC}}{k_F + k_{FQ} + k_{ISC}} \times \frac{k_P}{k_P + k_{PQ}} \quad (9.28)$$

と表される．

有機EL素子においてリン光発光体として使用されているIr(ppy)$_3$のエネ

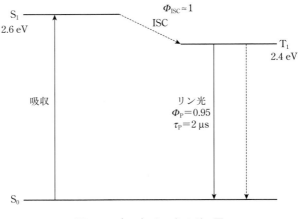

図9.8　Ir(ppy)$_3$のエネルギー図

ギー図を**図9.8**に示した．この化合物では，蛍光は観測されず，項間交差の量子収率がほぼ1である．実測されたリン光寿命は2.0 µsで，リン光の量子収率は約0.95である．これらのデータから，リン光の放射寿命は2.1 µsであるとわかる．

9.5　励起子

　結晶においては，分子と異なる現象が観測される．光によって価電子帯の電子を伝導帯に励起すると，第5章でも述べたように，電子とホールが生じるが，この電子とホールがクーロン相互作用により束縛された状態を形成することがある．これを**励起子**（exciton）とよぶ．励起子は電気的に中性な粒子として結晶中を動き，エネルギーの運搬に寄与することができる．電子とホールの束縛がそれほど強くなく，励起子の大きさが結晶の格子間隔の数倍から数十倍とかなり大きい場合，**ワニエ励起子**（Wannier exciton）とよぶ．多くのイオン結晶やイオン性半導体の励起子はこの型に属する．一方，大きさが格子定数程度である励起子を**フレンケル励起子**（Frenkel exciton）とよぶ．後述する有機EL素子などにおいて生成する低分子有機半導体の励起子は，この型に属する．フレンケル励起子は，分子の励起状態に近い．

　以下では，ワニエ励起子の電子エネルギー準位を考える．半導体を誘電率ε

の連続体とし,$+e$の電荷をもつホール(有効質量m_h^*)と$-e$の電荷をもつ電子(有効質量m_e^*)がクーロン力で束縛されて,水素原子のような粒子をつくっていると考えると,その結合エネルギーは,

$$E_n = -\frac{R_\mathrm{ex}}{n^2} \quad (n = 1, 2, 3, \cdots) \tag{9.29}$$

と表される.R_exは第6章で述べたリュードベリ定数のような定数で,次の式で表される.

$$R_\mathrm{ex} = \frac{\mu e^4}{2(4\pi\varepsilon)^2 \hbar^2} = R_\infty \left(\frac{\mu}{m_\mathrm{e}}\right)\left(\frac{\varepsilon_0}{\varepsilon}\right)^2 = R_\infty \left(\frac{\mu}{m_\mathrm{e}}\right)\frac{1}{\varepsilon_\mathrm{r}^2} \tag{9.30}$$

ここで,μは電子とホールの有効質量の換算質量,m_eは電子の静止質量,εとε_rは誘電率と比誘電率,R_∞はリュードベリ定数である.R_exは励起子の解離エネルギーあるいは生成エネルギーを表す.また,ワニエ励起子のボーア半径a^*は

$$a^* = \frac{4\pi\varepsilon\hbar^2}{\mu e^2} = a_0 \left(\frac{m_\mathrm{e}}{\mu}\right)\varepsilon_\mathrm{r} \tag{9.31}$$

と表される.ここで,a_0は水素原子のボーア半径で,0.0529 nmである.小さな有効質量と大きな誘電率をもつ半導体結晶では,励起子の生成エネルギーは小さく,ボーア半径は大きくなる.

したがって,吸収スペクトルを測定すると,バンドギャップ中に励起子による吸収が観測される.図9.9に吸収スペクトルを模式的に示した.バンドギャップE_gのエネルギーで励起されると電子とホールが生成するが,それらが励起

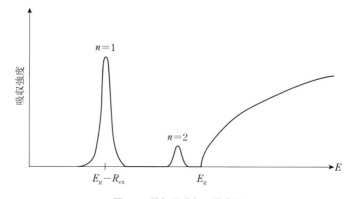

図9.9 励起子吸収の模式図

子をつくると安定となり，式(9.29)で表されるE_nだけ低い位置に励起子のエネルギー準位が生成する．E_gよりもR_{ex}だけ低いエネルギー位置に$n=1$の状態の吸収が現れる．

9.6　電子励起状態の挙動

9.6.1　エネルギー移動

励起状態にある分子は，そのエネルギーを他の分子に移すことができる．この反応は**エネルギー移動**（energy transfer）あるいは**励起移動**（excitation transfer）とよばれる．ここでは，エネルギーを供与する分子をD，エネルギーを受け取る分子をAで表す．

エネルギー移動は反応式として以下のように表される．

$$D^* + A \rightarrow D + A^*$$

この反応では，Aは光を吸収することなしにA^*（*は励起状態であることを示す）になる．このような現象を**増感**（sensitization）とよぶ．

こうしたエネルギー移動が起こるためには，与えるエネルギー（D^*とDのエネルギー差）と受け取るエネルギー（A^*とAのエネルギー差）がほぼ等しくなければならない．無放射過程のエネルギー移動には，双極子・双極子相互作用による**フェルスター**（Förster）**型**と電子交換相互作用による**デクスター**（Dexter）**型**の二つの機構がある．**図9.10**と**図9.11**に，フェルスター型とデクスター型エネルギー移動の模式図をそれぞれ示した．

分子軌道について，電子が占めるエネルギーがもっとも高い分子軌道を**最高被占分子軌道**（highest occupied molecular orbital，HOMOと略す）とよぶ．また，電子が占めていない分子軌道のうちエネルギーがもっとも低い分子軌道を**最低空分子軌道**（lowest unoccupied molecular orbital, LUMOと略す）とよぶ．HOMOとLUMOは化学反応や物性などを理解する上で重要である．図9.10と図9.11中の下側にある横線はHOMOを表し，上側にある横線はLUMOを表している．

フェルスター型エネルギー移動の典型例は，励起一重項状態からのエネルギー移動（S–Sエネルギー移動とよぶ）である．すなわち，次式で表される．

9.6 電子励起状態の挙動

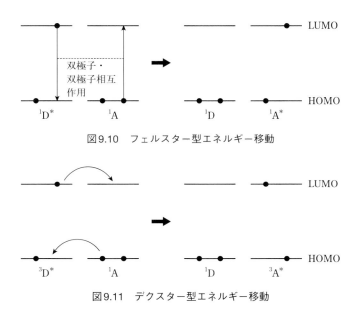

図9.10　フェルスター型エネルギー移動

図9.11　デクスター型エネルギー移動

$$^1D^* + {}^1A \rightarrow {}^1D + {}^1A^*$$

フェルスター型エネルギー移動は，D分子の遷移双極子モーメントとA分子の遷移双極子モーメントの相互作用により生じ，D分子の電子はD分子に，A分子の電子はA分子にとどまっている．このような相互作用は長い距離（例えば，5〜10 nm程度）まで影響を及ぼす．

デクスター型エネルギー移動の典型例は，励起三重項状態から基底一重項状態へのエネルギー移動（T–Tエネルギー移動とよぶ）である．すなわち，次式で表される．

$$^3D^* + {}^1A \rightarrow {}^1D + {}^3A^*$$

デクスター型エネルギー移動は，分子が接触する，すなわち波動関数どうしが重なるくらい近い距離における，D分子とA分子の間での電子の交換により生じる．

一方，Dの励起状態D*から発せられる光をAが吸収してA*となる場合がある．このような過程はエネルギーの再吸収とよばれる．

9.6.2 励起錯体

図9.12にピレンのシクロヘキサン溶液の蛍光スペクトル(励起光波長338 nm)の濃度依存性を示した．濃度が5.0×10^{-4} mol L^{-1}の場合には384 nm付近に蛍光が観測されるが，濃度が高くなるにつれて，467 nm付近に微細構造のない蛍光が観測される．これは濃度が高い条件では，ピレンの励起電子状態が安定な二量体を形成するためである．この二量体を**エキシマー**(excimer)とよび，467 nmの発光はエキシマーからの蛍光に由来する．ベンゼン環をもつ芳香族化合物では，濃度が高くなると，エキシマーの形成により蛍光ピークの長波長側に微細構造のない発光が観測されることがある．

エキシマー蛍光は常に単量体の蛍光の長波長側に観測される．その理由を簡単なモデルで考えてみよう．図9.13に，エキシマー形成に関する断熱ポテンシャル曲線と発光の関係を示した．分子Mの二量体と単量体を考え，二量体の分子間距離をRとする．また，分子の配向は断熱ポテンシャルに影響を与えないと仮定する．基底状態では二量体を形成しないので，断熱ポテンシャルは，Rが小さくなるほど分子間の反発で大きくなり，極小は存在しない．一方，励起状態では，エキシマーを形成するので，ポテンシャルに極小が存在する．また，Rが大きな領域ではエキシマーが解離する．エキシマーの生成エネルギーΔH_{ex}，すなわち安定化エネルギーは，図9.13に示したように，Rが大きいとき

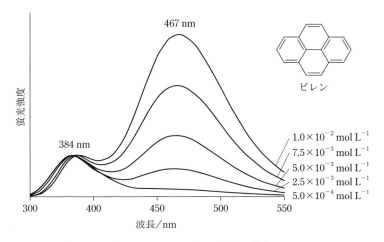

図9.12　ピレンのシクロヘキサン溶液の蛍光スペクトル

9.6 電子励起状態の挙動

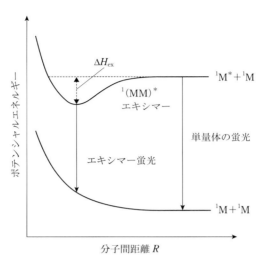

図9.13　エキシマーのエネルギー図

と極小のポテンシャルエネルギーの差である．単量体の蛍光は，Rが大きい領域における励起状態から基底状態への遷移であるから，図に示したような断熱ポテンシャル上に垂直な線で表される．一方，エキシマーの蛍光は，励起二量体の断熱ポテンシャルの極小値から，垂直に基底状態のポテンシャルまで引いた線で表される．このエネルギーは，常に単量体の蛍光のエネルギーよりも小さいことがわかる．

　異なる分子間においても同様に励起二量体を形成することがあり，これは**エキシプレックス**（exciplex）とよばれる．

9.6.3　遅延蛍光

　三重項状態が高い濃度で存在する場合，単量体またはエキシマーからの通常の蛍光とスペクトルは同一であるが，はるかに遅い寿命で減衰する発光が観測されることがある．これを**遅延蛍光**（delayed fluorescence）とよぶ．遅延蛍光は，励起三重項状態の分子どうしの衝突過程により，励起一重項状態が生成することで生じる．

$$^3\mathrm{M}^* + {}^3\mathrm{M}^* \to {}^1\mathrm{M}^* + {}^1\mathrm{M}$$

このような過程を三重項・三重項消滅（triplet-triplet annihilation）とよぶ．禁制遷移であるために寿命の長い三重項状態を介して一重項状態が生成するので，蛍光の寿命は長くなる．このような遅延蛍光は，ピレン，アントラセン，フェナントレンなどの芳香族化合物で観測されている．

9.7　有機EL素子

テレビとしては長らくブラウン管が使用されてきたが，バックライトにLEDを使用した液晶ディスプレイへと変わり，2007年には有機EL素子を利用したテレビも発売された．同様に，照明も長い間，白熱電球や蛍光灯が使用されてきたが，LED照明へと代わりつつあり，さらに有機EL素子を用いた照明の開発が進んでいる．ELとは電界発光（electroluminescence）の略である．発光機構から分類すると，有機EL素子は**有機発光ダイオード**（organic light emitting diode，OLEDと略す）である．ここでは，有機EL素子と関連した光物理化学を紹介する．

図9.14に蛍光を利用する有機EL素子のデバイス構造と材料の分子構造を示した．透明な電極と仕事関数の高い金属電極の間に，有機化合物からなる薄膜を数十nmのオーダーで挟み込んだデバイス構造となっている．透明電極の材料としては，可視光を透過するが電気をよく流すインジウム・スズ酸化物（indium-tin oxide，ITOと略す）が使われている．ITOの薄膜はスパッタ法によりガラス基板上に作製される．膜厚は150 nm程度である．ITO（正）電極上に，ホール輸送物質であるN, N'-di-1-naphthaleyl-N, N'-diphenyl-1,1′-biphenyl-4,4′-diamine（NPD）の薄膜を作製し，その上にさらに電子輸送物質兼蛍光物質であるtris（8-quinolinolato）aluminum（III）（Alq_3）の薄膜を作製する．NPDとAlq_3層の膜厚は50 nm程度で，非常に薄い膜である．最後に電極として，マグネシウム・銀合金などを蒸着し，負極とする．正極と負極の間に直流電圧をかけると，緑色の発光を示す．これはAlq_3の蛍光に由来する．以下では，なぜ発光するのかを考えてみよう．

図9.15に，上記の有機EL素子を構成する物質のエネルギー準位を示した．ITOとMgAgのフェルミ準位は，それぞれ5.0と3.7 eVである．NPDとAlq_3については基底状態のHOMOとLUMOのみを示している．この図の上にいくほ

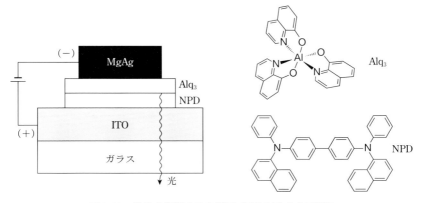

図9.14 蛍光を利用する有機EL素子のデバイス構造

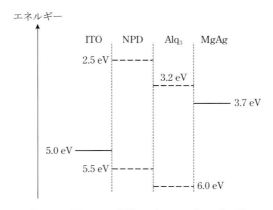

図9.15 図9.14の有機EL素子のエネルギー図

どエネルギーが高いので,電子は下にいるほど安定である.電圧をかけると,負極(MgAg合金)からはAlq$_3$層に電子が移動する.このとき,負極のフェルミ準位に対してAlq$_3$のLUMOは0.5 eV高い位置にあるので,電子が負極からAlq$_3$のLUMOに移動するのに0.5 eVのエネルギー障壁がある.電子は熱励起やトンネル効果により負極からAlq$_3$層に注入される.また,NPD層からは正極(ITO)に電子が移動,すなわちITOからNPD層に正電荷が移動してホールがキャリアとなるが,ITOのフェルミ準位に対してNPDのHOMOは0.5 eV低い.つまり,ホールが有機層に移動するのに0.5 eVのエネルギー障壁が存在す

第9章 光物理

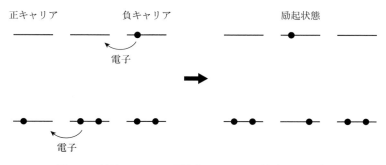

図9.16 電子とホールの再結合による電子励起状態の生成

る．ホールも熱励起やトンネル効果により正極からNPD層に注入される．ホールは図中において上にいるほど安定である．有機層にかかっている電場により，電子とホールは対極方向に移動する．電子が存在しているAlq_3分子はラジカルアニオンであり，中性分子からラジカルアニオンへ，ラジカルアニオンは中性分子へという変化の連鎖により電流が流れる．ホールの移動では，NPDが中性分子からラジカルカチオンへ，ラジカルカチオンは中性分子へという変化の連鎖により電流が流れる．Alq_3とNPDの界面については，NPDのLUMOはAlq_3のLUMOよりも0.7 eV高く，電子には0.7 eVのギャップがあり，界面に蓄積される．一方，Alq_3のHOMOはNPDのHOMOよりも0.5 eV高く，ホールにとっては0.5 eVのギャップがあるが，電子が移動するためのギャップよりは小さいので，電子と比べホールはAlq_3層へ移動しやすい．Alq_3分子の上で電子とホールが出会うと，**図9.16**に示したように，Alq_3分子のHOMOに1電子，LUMOに1電子が存在する電子励起状態が生成する．この励起状態の一部が基底状態に戻る際に緑色の蛍光を発する．

　光の三原色である赤，緑，青色の発光を得るためにさまざまな分子構造をもつ色素が合成されて，色々な波長の発光が実現されている．このような色素からの発光を利用する方法の一つに，Alq_3層とNPD層の間にAlq_3と蛍光色素（例えば，**図9.17**に示したルブレン，キナクリドン誘導体，DCMなど）の混合物層を挿入する方法がある．蛍光色素を少しでも混合すると，Alq_3の発光はまったく観測されず，混合した色素からの蛍光のみが観測される．混合した色素からの発光には二つの機構がある．一つは，Alq_3分子の電子励起状態から蛍光色

ルブレン　　キナクリドン誘導体　　DCM

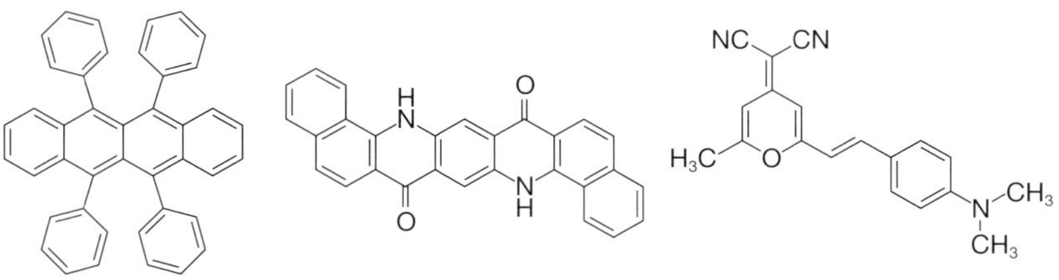

図9.17　蛍光色素の化学構造

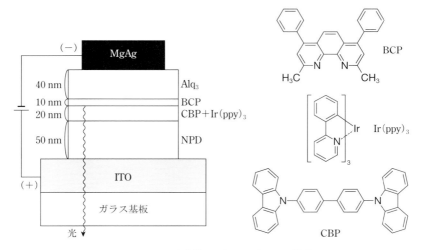

図9.18　リン光有機EL素子のデバイス構造

素分子へのフェルスター機構によるエネルギー移動，もう一つは，電子をトラップした蛍光色素にホールがくることで再結合をして，蛍光色素の励起状態が直接生成して発光する機構である．

有機EL素子では，電子とホールが出会って励起状態が生成する．その際，スピン統計則により励起一重項状態と励起三重項状態は1：3の割合で生じる．したがって，蛍光色素の励起一重項状態を利用した有機EL素子では，生成した励起状態の25%しか利用できない．そこで，発光効率の大幅な向上を期待し，励起三重項状態を利用した有機EL素子が開発された．

図9.18に，励起三重項状態，つまりリン光発光をする色素（金属錯体）を

利用した有機EL素子（リン光有機EL素子ともよぶ）のデバイス構造を示した．イリジウム錯体Ir(ppy)$_3$はまったく蛍光を示さないが，リン光の量子収率はほぼ1である．これらの性質は，Ir原子による強いスピン・軌道相互作用により，励起三重項状態への禁制遷移が許容となるために生じる．

有機EL素子では，このイリジウム錯体を4,4′-dicarbazolyl-1,1′-biphenyl（CBP）にごく微量混合して発光層としている．このとき，CBPをホスト，Ir(ppy)$_3$をゲストとよぶ．正極からNPDにホールが注入され，負極からAlq$_3$層に電子が注入される．これらのホールと電子は，CBPとIr(ppy)$_3$の混合層で再結合して，CBPの励起状態が生成し，CBPの三重項状態からIr(ppy)$_3$にデクスター型のエネルギー移動が起こり，Ir(ppy)$_3$がリン光を発する．上述のように，ゲスト分子であるIr(ppy)$_3$分子上での直接の再結合による発光過程も存在する．励起三重項状態を利用することにより，内部量子収率100％の効率の高い達成されている．

9.8 発光ダイオード

有機EL素子では，有機分子の電子励起状態が重要な役割を果たしているが，無機半導体が用いられている発光ダイオードでは，発光メカニズムがかなり異なり，励起状態は関与していない．第6章で無機半導体のp型とn型ドーピングとpn接合に関して説明した．pn接合を利用したLEDのデバイス構造の模式図を**図9.19**に示す．pn接合に対して順方向に直流電圧を印加すると，n型半

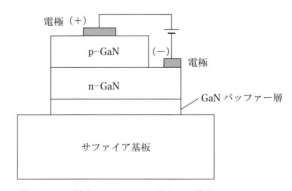

図9.19　pn接合GaN LEDのデバイス構造

導体の中を電子が接合界面に向かって流れ，p型半導体の中をホールが接合界面に向かって流れる．接合界面で電子とホールが結合することで，光が放出される．発光の波長は半導体のバンドギャップに依存する．吸収係数の大きな直接ギャップ型の半導体は発光効率が高く，SiやGeなどの間接ギャップ型の半導体の発光効率は低い．2014年のノーベル物理学賞を受賞した赤崎勇博士，天野浩博士，中村修二博士は，直接ギャップ型の窒化ガリウム（GaN）の高品質な結晶のpn接合を作製することで，これまでは困難であった青色発光（430 nm）を実現した．

❖演習問題

9.1 式(9.23)と(9.24)は，微分方程式(9.21)と(9.22)の解であることを示しなさい．

9.2 ペリレンの吸収スペクトルには440 nmと412 nmにピークが観測され，蛍光スペクトルでは445 nmと472 nmにピークが観測されている．これら2つのピークのエネルギー差を単位cm^{-1}で計算しなさい．

9.3 1-クロロナフタレンは，弱い蛍光（$\Phi_\text{F} \approx 0.06$）と強いリン光（$\Phi_\text{P} \approx 0.54$）を発し，実測の蛍光寿命およびリン光寿命は，それぞれ10 nsと0.30 sである．S_1からS_0への無放射減衰はゼロとして，項間交差速度定数とリン光の放射寿命を求めなさい．

9.4 無機半導体GaAsの比誘電率は13.1，電子の有効質量は0.066 m_e，ホールの有効質量は0.074 m_eである．励起子の生成エネルギーを求めなさい．

9.5 バンドギャップE（単位eV）と発光波長λ（単位nm）の間には以下の関係が成り立つことを示しなさい．

$$\lambda[\text{nm}] = \frac{1.2398 \times 10^3}{E[\text{eV}]}$$

第10章　磁気的性質

　物質の磁気的性質は，電気的性質とならんで，物質が機能を果たす基礎となる性質として重要である．磁気的性質というと多くの人は磁石を思い浮かべると思う．磁石が及ぼし合う力を理解する上で磁荷の概念は役立つが，磁場の起源は磁荷ではなく，原子や分子の角運動量に由来する磁気双極子モーメントである．磁気モーメントにより原子・分子集団のマクロな磁場が発現し，常磁性，反磁性，強磁性などの性質が観測される．

10.1　磁荷と磁気モーメント

　磁石は常にN極とS極が対になって現れる．N極とN極，S極とS極の間には斥力が働き，N極とS極の間には引力が働く．磁石の極の間に働く力は，仮想的な**磁荷**（magnetic charge）q_m を考えることにより理解することができる．

　いま，磁石のN極の磁荷は正の符号，S極の磁荷は負の符号をもつとする．真空中で距離 r だけ離れた点磁荷 q_m と q'_m の間に働く力の大きさ F_m は，次の磁気力のクーロンの法則で表される．

$$F_\mathrm{m} = \frac{1}{4\pi\mu_0} \frac{q_\mathrm{m} q'_\mathrm{m}}{r^2} \tag{10.1}$$

ここで，μ_0 は**真空の透磁率**（magnetic permeability of vacuum）とよばれ，

$$\mu_0 = 4\pi \times 10^{-7} \ \mathrm{Wb^2 \cdot N^{-1} \cdot m^{-2}} \tag{10.2}$$

である．磁気力の方向は，2つの磁荷を結ぶ直線の方向である．磁荷の単位としては**ウェーバ**（weber）が用いられ，記号Wbで表される．Wb＝J・A^{-1} であり，Wb^2・N^{-1}・m^{-2}＝N・A^{-2} である．磁荷の単位にWbを導入すると，**表10.1**に示したように，静電場と静磁場の単位は対照的になり，磁気の議論は電気の議論と同様に行うことができる．

第10章　磁気的性質

表10.1　静電気と静磁気の単位

静電気の物理量	単位	静磁気の物理量	単位
電荷 q	C	磁荷 q_m	Wb
電場 E	N・C^{-1}	磁場 H	N・Wb^{-1}
電束密度 D	C・m^{-2}	磁束密度 B	Wb・m^{-2}
真空の誘電率 ε_0	C^2・N^{-1}・m^{-2}	真空の透磁率 μ_0	Wb^2・N^{-1}・m^{-2}

例題10.1　大きさ1 Wbの2つの磁荷が1 m離れているときの磁気力の大きさを計算しなさい．

[解答例]

式(10.1)を用いて計算する．

$$F_m = \frac{1}{(4\pi)^2 \times 10^7 \text{ Wb}^2 \cdot \text{N}^{-1} \cdot \text{m}^{-2}} \cdot \frac{1 \text{ Wb}^2}{1 \text{ m}^2} \approx 6.33 \times 10^4 \text{ N}$$

2つの磁荷のうち片方の磁荷 q'_m を取り除いた場合を考えると，q_m のまわりの空間は，磁荷が置かれると力が働くという性質をもっていることになる．これを**磁場**（magnetic field）とよぶ．磁荷 q_m の位置を原点とし，そこから位置ベクトル r における磁場を $H(r)$ で表すと，

$$F_m(r) = q'_m H(r) \tag{10.3}$$

$$H(r) = \frac{1}{4\pi\mu_0} \frac{q_m}{r^2} \tag{10.4}$$

となる．ここで，$r = |r|$ である．磁場の単位は N・Wb^{-1} = A・m^{-1} である．多数の磁荷がある場合の磁場は，それぞれの磁荷がつくる磁場の重ね合わせで表される．

電場に対して電束密度を考えたように，次式で**磁束密度**（magnetic flux density）B を定義する．

$$B = \mu_0 H \tag{10.5}$$

磁束密度の単位は，テスラ（tesla）T = Wb・m^{-2} = N・A^{-1}・m^{-1} = kg・A^{-1}・s^{-2}

10.1 磁荷と磁気モーメント

である．また，1 T = 10000 G（ガウス）である．

しかしながら，磁気と電気の間には大きな違いがある．図10.1に模式的に示したように，電荷では正の電荷や負の電荷は単独で存在するが，磁荷は単独では存在しない．したがって，磁石が磁場から受ける力を考える際には，実はN極とS極が対となっている磁気双極子が最小単位となる．図10.2に示したように，N極とS極の磁荷をそれぞれq_mと$-q_m$とし，それらの距離をdとすると，**磁気双極子モーメント**（magnetic dipole moment）（磁気モーメントともいう）mは，大きさ$m=|m|$が$q_m d$で，方向が$-q_m$からq_mのベクトルとして定義される．磁気双極子モーメントの単位は，Wb·m = N·m²·A^{-1}である．電子の磁気双極子モーメントの大きさは1.2×10^{-29} Wb·mであり，陽子の磁気双極子モーメントの大きさは1.8×10^{-32} Wb·mである．圧倒的に電子の磁気双極子モーメントが大きい．したがって，物質の磁気的な性質を考える場合には，電子の磁気双極子モーメントが主となる．

磁気双極子を磁場の中に置くと，図10.3に示すように，磁気双極子が磁場の方向を向くように回転する偶力のモーメントが働く．磁気双極子モーメントベクトルと磁場Hのなす角度をθとすると，その力のモーメントの大きさは，$N = mH\sin\theta$である．偶力のモーメントが引き起こす回転運動の回転軸は，mとHに対してともに垂直，すなわち紙面に垂直で，回転の向きはmからHへと回す方向である．そこで，この偶力のモーメントNを磁気双極子モーメントベクトルと磁場ベクトルの外積

$$N = m \times H \tag{10.6}$$

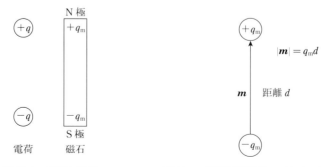

図10.1　電荷と磁石　　図10.2　磁気双極子モーメントベクトル

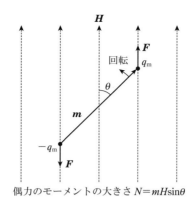

図10.3 磁気双極子が磁場中で受ける力

で表す．磁気双極子モーメントのポテンシャルエネルギー V は

$$V = -\boldsymbol{m}\cdot\boldsymbol{H} \tag{10.7}$$

と表される．

10.2 軌道角運動量とスピン角運動量

物質の磁気双極子モーメントの起源には，電子の軌道運動に由来する軌道角運動量と電子のスピンに由来するスピン角運動量がある．角運動量は量子論を用いないと正確に記述できないので，以下では量子論に基づいて角運動量を記述する．量子論では観測可能な物理量に演算子が対応する（第1章仮設III）．例題1.5に示したように，角運動量の x, y, z 成分に対応する演算子は，直交座標表示で

$$L_x = -i\hbar\left(y\frac{\partial}{\partial z} - z\frac{\partial}{\partial y}\right) \tag{10.8}$$

$$L_y = -i\hbar\left(z\frac{\partial}{\partial x} - x\frac{\partial}{\partial z}\right) \tag{10.9}$$

$$L_z = -i\hbar\left(x\frac{\partial}{\partial y} - y\frac{\partial}{\partial x}\right) \tag{10.10}$$

である．

極座標表示に変換すると

$$\hat{L}_x = -i\hbar\left(-\sin\phi\frac{\partial}{\partial\theta} - \cot\theta\cos\phi\frac{\partial}{\partial\phi}\right) \quad (10.11)$$

$$\hat{L}_y = -i\hbar\left(\cos\phi\frac{\partial}{\partial\theta} - \cot\theta\sin\phi\frac{\partial}{\partial\phi}\right) \quad (10.12)$$

$$\hat{L}_z = -i\hbar\frac{\partial}{\partial\phi} \quad (10.13)$$

が得られる．また，角運動量の二乗に対応する演算子 $\hat{L}^2$ は

$$\hat{L}^2 = \hat{L}_x^2 + \hat{L}_y^2 + \hat{L}_z^2 = -\hbar^2\left[\frac{1}{\sin\theta}\frac{\partial}{\partial\theta}\left(\sin\theta\frac{\partial}{\partial\theta}\right) + \frac{1}{\sin^2\theta}\frac{\partial^2}{\partial\phi^2}\right] \quad (10.14)$$

である．

例題10.2 極座標表示で，角運動量 z 成分の演算子（10.13）を誘導しなさい．

[解答例]

$$\frac{\partial}{\partial x} = \frac{\partial r}{\partial x}\frac{\partial}{\partial r} + \frac{\partial\theta}{\partial x}\frac{\partial}{\partial\theta} + \frac{\partial\phi}{\partial x}\frac{\partial}{\partial\phi} = \sin\theta\cos\phi\frac{\partial}{\partial r} + \frac{\cos\theta\cos\phi}{r}\frac{\partial}{\partial\theta} - \frac{\sin\phi}{r\sin\theta}\frac{\partial}{\partial\phi}$$

$$\frac{\partial}{\partial y} = \frac{\partial r}{\partial y}\frac{\partial}{\partial r} + \frac{\partial\theta}{\partial y}\frac{\partial}{\partial\theta} + \frac{\partial\phi}{\partial y}\frac{\partial}{\partial\phi} = \sin\theta\sin\phi\frac{\partial}{\partial r} + \frac{\cos\theta\sin\phi}{r}\frac{\partial}{\partial\theta} - \frac{\cos\phi}{r\sin\theta}\frac{\partial}{\partial\phi}$$

$$\hat{L}_z = -i\hbar\left(x\frac{\partial}{\partial y} - y\frac{\partial}{\partial x}\right)$$

$$= -i\hbar\left[r\sin\theta\cos\phi\left(\sin\theta\sin\phi\frac{\partial}{\partial r} + \frac{\cos\theta\sin\phi}{r}\frac{\partial}{\partial\theta} - \frac{\cos\phi}{r\sin\theta}\frac{\partial}{\partial\phi}\right)\right.$$

$$\left. - r\sin\theta\sin\phi\left(\sin\theta\cos\phi\frac{\partial}{\partial r} + \frac{\cos\theta\cos\phi}{r}\frac{\partial}{\partial\theta} - \frac{\sin\phi}{r\sin\theta}\frac{\partial}{\partial\phi}\right)\right]$$

$$= -i\hbar\left(\cos^2\phi\frac{\partial}{\partial\phi} + \sin^2\phi\frac{\partial}{\partial\phi}\right)$$

$$= -i\hbar\frac{\partial}{\partial\phi}$$

● コラム 10.1　　直交座標系と極座標系

　3次元系を記述する場合は，x, y, z という直交座標を用いることが多い．球対称なポテンシャルエネルギー中における粒子の運動を取り扱う場合には，極座標 r, θ, ϕ を用いた方が便利である．変数の範囲は，$0 \leq r$，$0 \leq \theta \leq \pi$，$0 \leq \phi \leq 2\pi$ である．極座標系を**下図**に示した．

　極座標と直交座標の関係は，次式で与えられる．

$$x = r \sin\theta \cos\phi$$
$$y = r \sin\theta \sin\phi$$
$$z = r \cos\theta$$
$$r = \sqrt{x^2 + y^2 + z^2}$$
$$\cos\theta = \frac{z}{\sqrt{x^2 + y^2 + z^2}}$$
$$\tan\phi = \frac{y}{x}$$

演算子を直交座標表示から極座標表示に変換する際に，以下に示した1次微分係数を用いる．

$$\frac{\partial r}{\partial x} = \sin\theta \cos\phi, \quad \frac{\partial r}{\partial y} = \sin\theta \sin\phi, \quad \frac{\partial r}{\partial z} = \cos\theta$$

$$\frac{\partial \theta}{\partial x} = \frac{\cos\theta \cos\phi}{r}, \quad \frac{\partial \theta}{\partial y} = \frac{\cos\theta \sin\phi}{r}, \quad \frac{\partial \theta}{\partial z} = -\frac{\sin\theta}{r}$$

$$\frac{\partial \phi}{\partial x} = -\frac{\sin\phi}{r \sin\theta}, \quad \frac{\partial \phi}{\partial y} = \frac{\cos\phi}{r \sin\theta}, \quad \frac{\partial \phi}{\partial z} = 0$$

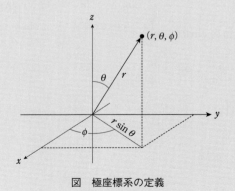

図　極座標系の定義

10.2 軌道角運動量とスピン角運動量

　自然法則として，軌道角運動量の大きさとある1成分の角運動量（この成分をz成分とする）は正確に決めることができる．他の2成分（xとy成分）を正確に決めることはできないが，測定結果の平均値は$\langle L_x \rangle = \langle L_y \rangle = 0$である．このことは量子論で，以下のように表される．スピン角運動量に関しても同様である．

　軌道角運動量に関する固有値方程式は，

$$\hat{L}^2 Y_{l,m}(\theta, \varphi) = l(l+1)\hbar^2 Y_{l,m}(\theta, \varphi) \tag{10.15}$$

$$\hat{L}_z Y_{l,m} = m_l \hbar Y_{l,m} \tag{10.16}$$

である．式(10.15)は軌道角運動量の二乗についての式，式(10.16)はz成分についての式である．ここで，$Y_{l,m}(\theta, \phi)$は**球面調和関数**（spherical harmonics）である．lは**角運動量量子数**（angular momentum quantum number）とよばれ，$l = 0, 1, 2, \cdots$の値をとる．m_lは**磁気量子数**（magnetic quantum number）とよばれ，$|m_l| \leq l$の整数をとる．$Y_{l,m}(\theta, \phi)$は$\hat{L}^2$の固有関数であると同時に$\hat{L}_z$の固有関数である．しかし，$\hat{L}_x$と$\hat{L}_y$の固有関数ではない．

　$l = 0$のs電子の場合には軌道角運動量がゼロである．$l = 1$のp電子の場合には，式(10.15)の右辺の固有値は$2\hbar^2$である．このことは，軌道角運動量の二乗を観測すると，その値は必ず$2\hbar^2$であることを意味する．したがって，軌道角運動量の大きさは$\sqrt{2}\hbar$となる．式(10.16)から，右辺の固有値，つまり軌道角運動量のz成分の値は，$\hbar$，0，$-\hbar$である．**図10.4**に，$l = 1$の場合に関して，軌道角運動量を図示した．軌道角運動量ベクトルが円錐として表示されている．これはxとy成分を正確に決めることはできないが，測定結果の平均値は$\langle L_x \rangle = \langle L_y \rangle = 0$であることを反映している．

　電子は，軌道角運動量のほかに，スピン角運動量をもっている．電子スピンには，αスピンとβスピンの2つの状態が存在する．一般には，電子スピンは，電子自身の軸の回りの回転運動に例えられることが多いが，電子スピンを古典力学で正確に説明することはできない．スピン角運動量に関する固有値方程式は，αスピンについて

$$\hat{S}^2 \alpha = s(s+1)\hbar^2 \alpha = \frac{1}{2}\left(\frac{1}{2}+1\right)\hbar^2 \alpha \tag{10.17}$$

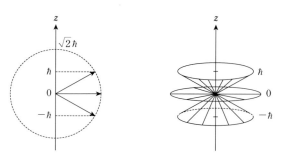

図10.4　$l=1$の電子の軌道角運動量

$$\hat{S}_z \alpha = m_s \hbar \alpha = \frac{1}{2}\hbar\alpha \tag{10.18}$$

βスピンについて

$$\hat{S}^2 \beta = s(s+1)\hbar^2 \beta = \frac{1}{2}\left(\frac{1}{2}+1\right)\hbar^2 \beta \tag{10.19}$$

$$\hat{S}_z \beta = m_s \hbar \beta = -\frac{1}{2}\hbar\beta \tag{10.20}$$

と表される．ここで，sは**スピン量子数**（spin quantum number）である．$s=\frac{1}{2}$であり，スピン角運動量の大きさは$\frac{\sqrt{3}}{2}\hbar$である．m_sは**スピン磁気量子数**（spin magnetic quantum number）であり，$\pm\frac{1}{2}$の値をとる．スピン角運動量のz成分は，$m_s=\frac{1}{2}$（αスピン）で$\frac{1}{2}\hbar$，$m_s=-\frac{1}{2}$（βスピン）で$-\frac{1}{2}\hbar$である．また，軌道角運動量の場合と同様，電子スピンのxとy成分を正確に決めることはできない．**図10.5**に，スピン角運動量を図示した．

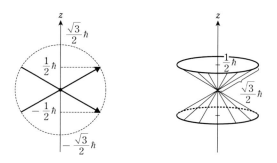

図10.5　スピン角運動量

10.3 軌道角運動量と磁気双極子モーメント

この節と次の10.4節では，前節で述べた軌道角運動量とスピン角運動量のそれぞれについて磁気双極子モーメントとの関係を考える．古典電磁気学によると，図10.6に示したような円形ループ電流は，円の半径をr，電流をIとすると，ループから遠く離れた位置では，次式で表される磁気双極子モーメント

$$\bm{m} = \mu_0 I \pi a^2 \bm{n} = \mu_0 I S \bm{n} \tag{10.21}$$

をもつ磁石とみなすことができる．ここで，Sは円の面積，$\bm{n}$は円に垂直で，右ねじを電流が流れる向きに回したときに右ねじが進む方向をもつ単位ベクトルである．

図10.7に示したように，原子核を中心として電子（質量m_e）1個が速度vで，半径rの等速回転運動をしている場合を考えよう．このような電子は，磁気双極子モーメントと角運動量をもつ．

この等速回転運動による電流は

$$I = -\frac{ev}{2\pi r} \tag{10.22}$$

と表される．式(10.21)に式(10.22)を代入すると

$$\bm{m} = -\frac{1}{2}\mu_0 evr \tag{10.23}$$

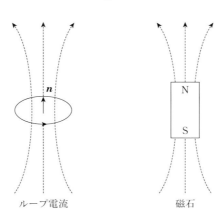

図10.6　ループ電流と磁石

第10章　磁気的性質

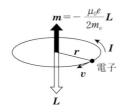

図10.7　電子の軌道角運動量と磁気双極子モーメント

となる．角運動量 L は $L = r \times p$ と表され，その大きさは $L = m_e vr$ である．角運動量ベクトルの方向は，磁気双極子モーメントベクトルの方向と逆であるから，式(10.23)は

$$m = -\frac{\mu_0 e}{2m_e} L \tag{10.24}$$

と表される．ここで，γ_e を

$$\gamma_e = -\frac{e}{2m_e} \tag{10.25}$$

とおいたとき，γ_e を**磁気回転比**（magnetogyric ratio）とよぶ．

式(10.24)において，古典論から量子論に移行するために，次式のように角運動量の z 成分を演算子で置き換えると，磁気双極子モーメントの z 成分 $\hat{m}_z$ は

$$\hat{m}_z = -\frac{\mu_0 e}{2m_e} \hat{L}_z \tag{10.26}$$

となる．

磁場 H_0 の中にある磁気モーメント m のエネルギーは古典電磁気学では，次式で与えられる．

$$E = -m \cdot H_0 \tag{10.27}$$

したがって，量子論では，ハミルトン演算子は

$$\hat{H} = -\hat{m} \cdot H_0 \tag{10.28}$$

と表される．

ここで，磁場が z 方向を向いており，x と y 成分はゼロの場合について考える．

10.3 軌道角運動量と磁気双極子モーメント

この場合には

$$\hat{H} = -\hat{m}_z H_0 \tag{10.29}$$

となる．式(10.26)から

$$\hat{H} = \frac{\mu_0 e}{2m_e} H_0 \hat{L}_z \tag{10.30}$$

となる．式(10.16)から，$\hat{L}_z$ の固有値は $m_l \hbar$ であるから，エネルギーは

$$E_{m_l} = m_l \frac{\mu_0 e \hbar}{2m_e} H_0 \tag{10.31}$$

となる．

以上のことから，磁場がない場合には，磁気量子数が異なる状態のエネルギーは縮退しているが，z 方向の磁場の中では分裂することがわかる．式(10.31)において，

$$\mu_B = \frac{\mu_0 e \hbar}{2m_e} \tag{10.32}$$

とおき，**ボーア磁子**（Bohr magnetron）とよぶ．磁場の代わりに磁束密度を使うと，ボーア磁子は

$$\mu_B = \frac{e \hbar}{2m_e} \tag{10.33}$$

となる．ボーア磁子の値は，1.165×10^{-29} Wb・m $= 9.274 \times 10^{-24}$ J・T^{-1} である．磁気モーメントはボーア磁子の間隔で離散値を示し，磁気モーメントの基本量となっている．

例題10.3 ボーア磁子の値 $\mu_B = 1.165 \times 10^{-29}$ Wb・m を計算により導きなさい．

[解答例]
式(10.27)に，$\mu_0 = 4\pi \times 10^{-7}$ N・A^{-2}，$e = 1.602 \times 10^{-19}$ C，$h = 6.626 \times 10^{-34}$ J・s，$m_e = 9.109 \times 10^{-31}$ kg を代入すると

$$\mu_B = \frac{4\pi \times 10^{-7}\,\text{Wb}^2 \cdot \text{N}^{-1} \cdot \text{m}^{-2} \times 1.602 \times 10^{-19}\,\text{C} \times 6.626 \times 10^{-34}\,\text{J} \cdot \text{s}}{2\pi \times 2 \times 9.109 \times 10^{-31}\,\text{kg}}$$

$$= 1.1653 \cdots \times 10^{-29}\,\text{Wb}^2 \cdot \text{C} \cdot \text{J} \cdot \text{s} \cdot \text{N}^{-1} \cdot \text{m}^{-2} \cdot \text{kg}^{-1}$$

$$\approx 1.165 \times 10^{-29}\,\text{Wb} \cdot \text{m}$$

単位の計算には,$A = C \cdot s^{-1}$,$N = kg \cdot m \cdot s^{-2}$,$Wb = J \cdot A^{-1}$ の関係を使った.

例題10.4 d電子1個に関して,軌道角運動量の大きさとそのz成分の値を求めなさい.

[解答例]

d電子では,$l = 2$ である.角運動量の二乗は $6\hbar^2$ であり,角運動量の大きさは $\sqrt{6}\hbar$ である.z 成分は,$2\hbar$,$\hbar$,0,$-\hbar$,$-2\hbar$ である.

10.4 スピン角運動量と磁気双極子モーメント

スピン角運動量の場合には,磁気双極子モーメントとの関係が軌道角運動量の場合と異なり,式(10.24)の代わりに,次式で与えられる.

$$m = -\frac{\mu_0 e}{m_e} S \tag{10.34}$$

図10.8に m と S の関係を示した.この式と式(10.26)を比べると,分母が2倍異なっており,

$$m = -g \frac{\mu_0 e}{2m_e} S \tag{10.35}$$

と書くと,式(10.35)と(10.26)の係数部分が同じになる.$g = 2.0023$ であり,g

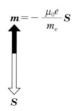

図10.8 スピン角運動量と磁気双極子モーメント

を電子の**g因子**（g factor）とよぶ．軌道角運動量であれば，$g = 1$ である．

電子スピン角運動量のz成分に関して，演算子で置き換えると

$$\hat{m}_z = -g \frac{\mu_0 e}{2m_e} \hat{S}_z \tag{10.36}$$

となる．

軌道角運動量の場合と同様に，スピン量子数 s が同じでスピン磁気量子数 m_s が異なる状態すなわちαスピンとβスピンのエネルギーは縮退しているが，z方向の磁場の中では分裂する．z方向の磁場 H_0 の中でハミルトン演算子は，

$$\hat{H} = -\hat{m}_z H_0 = \frac{g\mu_0 e}{2m_e} H_0 \hat{S}_z \tag{10.37}$$

と表される．式(10.20)から，$\hat{S}_z$ の固有値は $\pm\hbar/2$ であるから，エネルギーは

$$E_{m_s} = m_s \frac{g\mu_0 e\hbar}{2m_e} H_0 = m_s g\mu_B H_0 = \pm\frac{1}{2} g\mu_B H_0 \tag{10.38}$$

となる．

磁場をかけると，**図10.9**に示したように，エネルギーの縮重が解けて，αスピン（$m_s = \frac{1}{2}$）準位はβスピン（$m_s = -\frac{1}{2}$）準位よりも高くなる．そのエネルギー差は

$$\Delta E = E_\alpha - E_\beta = g\mu_B H_0 \tag{10.39}$$

となる．このエネルギーに相当する電磁波（振動数 ν）が電子に照射されると，電磁波を吸収して，電子スピンはβスピンの状態からαスピンの状態に遷移す

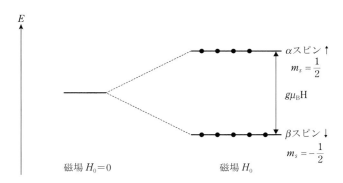

図10.9　磁場中の電子スピンのエネルギー準位

る．すなわち，

$$h\nu = \Delta E = g\mu_B H_0 \tag{10.40}$$

が成り立つ．この式を**共鳴条件**（resonance condition）とよび，ボーアの振動数条件と同様である．上記の現象を**電子常磁性共鳴**（electron paramagnetic resonance, EPR）または**電子スピン共鳴**（electron spin resonance, ESR）とよぶ．

> **例題10.5** $H_0 = 0.335$ T の磁場の場合，吸収される電磁波の周波数と波長を求めなさい．
>
> ［解答例］
>
> 式（10.40）から，
>
> $$\nu = \frac{g\mu_B H_0}{h} = \frac{2 \times 9.274 \times 10^{-24} \text{ J} \cdot \text{T}^{-1} \times 0.335 \text{ T}}{6.626 \times 10^{-34} \text{ J} \cdot \text{s}}$$
> $$= 9.377\cdots \times 10^9 \text{ s}^{-1} \approx 9.4 \times 10^9 \text{ Hz}$$
>
> $$\lambda = \frac{c}{\nu} = \frac{2.997 \times 10^{10} \text{ cm} \cdot \text{s}^{-1}}{9.377 \times 10^9 \text{ s}^{-1}} = 3.196\cdots \text{ cm} \approx 3.2 \text{ cm}$$

10.5 磁化

これまでは孤立した原子や分子に関して磁気双極子モーメントを考えたが，以下では原子や分子が集合した固体の外部磁場に対する応答を考える．物質を磁気的な性質に注目して考えるとき，磁性体という．磁性体では，**図10.10**に示したように，磁気双極子モーメントがさまざまな方向を向いて空間に分布している．マクロな分極は，固体のある領域に含まれる磁気双極子モーメントの総和をその領域の体積 ΔV で割った**磁化**（magnetization）で表される．

$$M = \frac{\sum_i m_i}{\Delta V} \tag{10.41}$$

磁化の単位は，$T = Wb \cdot m^{-2} = N \cdot A^{-1} \cdot m^{-1}$ である．

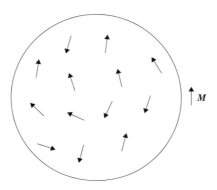

図10.10 磁気双極子と磁化

真空中の磁場Hと磁束密度Bの関係は式(10.5)で表されるが,磁性体では磁化があるので,

$$B = \mu_0 H + M \tag{10.42}$$

と表される.磁化Mは無次元の**磁気感受率**(magnetic susceptibility, **磁化率**ともよばれる)χ_mを用いて

$$M = \mu_0 \chi_\mathrm{m} H \tag{10.43}$$

と表すことができる.したがって,式(10.30)は

$$B = \mu_0 (1+\chi_\mathrm{m}) H = \mu H \tag{10.44}$$

となる.$\mu(=\mu_0(1+\chi_\mathrm{m}))$は磁性体の**透磁率**(magnetic permiability)とよばれる.磁性体は,磁気感受率の符号と値で**表10.2**に示すように分類することがで

表10.2 さまざまな磁性体と磁化率

磁性	磁化率	物質
常磁性	$10^{-3} \sim 10^{-5}$	Fe_2O_3, $MnSO_4$など
反磁性	$-10^{-5} \sim -10^{-9}$,温度依存性がない	希ガス
強磁性	磁場に依存する	Fe,Co,Niなど
反強磁性	$10^{-3} \sim 10^{-5}$	MnOなど
フェリ磁性	磁場に依存する	Fe_3O_4など

きる.磁気感受率の測定は,かつてはグイの天秤を使用して行われていたが,現在では,**超伝導量子干渉計**(superconducting quantum interference device, SQUID)が使用されている.

10.6　常磁性と反磁性

　磁性体はいわば小さな磁石(磁気双極子)の集合体であるから,磁化は,磁気双極子の配向に依存する.磁場がない場合に,磁気双極子が相互作用せずにランダムに分布している磁性体では,磁場が印加されると磁気双極子には偶力が働くので,磁場の方向に向きを変えようとする.一方,有限の温度では,熱運動によりランダムな分布をしようとするので,それらのつり合いで,全体の磁気双極子の配向分布が決まる.この場合,磁気感受率は小さな正の値を示す.こうした磁性を**常磁性**(paramagnetism)とよぶ.このときχ_mは

$$\chi_\mathrm{m} = \frac{C}{T} \tag{10.45}$$

と表され,温度の逆数に比例する.これを**キュリーの法則**(Curie's law)とよび,Cを**キュリー定数**(Curie constant)とよぶ.

　金属の自由電子では,パウリの原理により電子がスピンの向きを変えにくく,フェルミ面近くの電子のみが磁性に寄与する.この場合には,磁気感受率は温度に依存しない.こうした磁性は**パウリ常磁性**(Pauli paramagnetism)とよばれる.

　希ガス原子のように,電子の軌道がすべて満たされた原子は正味の磁気双極子モーメントをもたない.しかし,磁場を印加すると,電子の軌道運動は,印加された磁場を打ち消すように変化し,磁気感受率は非常に小さな負の値を示す.このような磁性は**反磁性**(diamagnetism)とよばれる.

10.7 強磁性

　常磁性物質と反磁性物質では，磁場の印加を止めると磁化は消える．つまり，自発磁化は存在しない．一方，Fe，Co，Niなどd軌道が満たされていない遷移金属では，磁気双極子の間に相互作用があり，磁場の印加がなくても，磁化を示す．このような磁性を**強磁性**（ferromagnetism）とよぶ．鉄が磁石にくっつく現象は，この強磁性に起因している．

　磁場に対して磁化をプロットして得られる曲線を**磁化曲線**（magnetization curve）とよぶ．強磁性体の磁化曲線は，**図10.11**に示すようにヒステリシス（履歴）を示す．磁場をかけていくと徐々に磁化は大きくなり，飽和する（点A）．磁場を小さくしていくと磁化は少し小さくなるが，磁場がなくなっても磁化は残る（点B）．これを**残留磁化**（residual magnetization）とよぶ．次に，磁場を逆の向きにかけていくと磁化は徐々に小さくなり，H_cでゼロになる（点C）．H_cを**保持力**（coercive force）という．さらに，磁場を大きくしていくと，磁化は逆の向きに生じて，値は大きくなり，飽和する（点D）．磁場を小さくすると，先ほどと同様な変化がみられ，点Aに戻る．

　通常，強磁性体における残留磁化は，温度を上げていくと減少し，ある温度で完全に消滅する．この温度を**キュリー温度**（Curie temperature）とよぶ．強磁性体においては，磁気双極子の間に量子力学的な交換相互作用があり，そのため強磁性体では，**図10.12**(a)に示したように，熱運動によるゆらぎに抗し

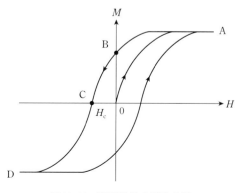

図10.11　強磁性体の磁化曲線

て磁気双極子の方向が揃う空間的な領域がある．この領域を**磁区**（magnetic domain）とよぶ．これによりd電子をもつFe, Co, Niなどは強磁性を示す．熱運動はそのような配向を妨げるので，キュリー温度以上になると残留磁化はなくなり，常磁性体となる．

交換相互作用により，電子スピンは平行になるだけでなく，反平行になる場合もある．CrやMnでは，交換相互作用により，**図10.12**(b)に示したように，磁気双極子が反平行に整列する．反平行に整列すると，磁気双極子モーメントが相殺されるので，磁化はゼロとなる．これを**反強磁性**（antiferromagnetism）とよぶ．反強磁性体の温度を上げると，ある温度を境に常磁性体へと変化する．この転移温度を**ネール温度**（Néel temperature）という．

結晶が2つの部分格子をもつ場合，それらの部分格子が大きさの異なる磁気双極子モーメントをもつと，結晶として自発磁化を示す．この現象を**フェリ磁性**（ferrimagnetism）とよぶ．磁気双極子の模式的な配列を**図10.12**(c)に示した．例えば，マグネタイト（Fe_3O_4）はスピネル型とよばれる結晶構造をもち，Fe^{3+}とFe^{2+}が2：1の割合で含まれており，Fe^{3+}のスピンは互いに逆向きで打ち消し合い，Fe^{2+}のスピンが向きを揃えて自発磁化を示す．

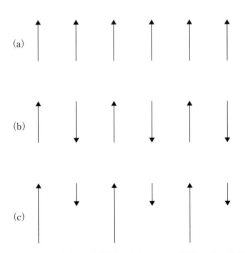

図10.12　(a)強磁性，(b)反強磁性，(c)フェリ磁性の磁気双極子の配列

❖演習問題

10.1 $A \cdot m^2$ が $J \cdot T^{-1}$ に等しいことを示しなさい．

10.2 $\mu_B = 9.274 \times 10^{-24} \, J \cdot T^{-1}$ であることを示しなさい．

10.3 1電子の系において，$H_0 = 0.335 \, T$ の磁場をかけるとαスピンとβスピンのエネルギー準位が分裂する．300 Kにおいてαスピンとβスピンのエネルギー準位の占有数の比 N_β/N_α を求めなさい．ただし，熱平衡状態では，エネルギー準位の占有はボルツマン分布に従うとする．

10.4 極座標表示での $\hat{L}_x, \hat{L}_y, \hat{L}^2$ を誘導しなさい．

付　録

表1　固有の名称・記号と単位

組み立て量	名称	記号	汎用の単位表記	SI基本単位系
振動数（周波数）	ヘルツ	Hz		s^{-1}
力	ニュートン	N		$m \cdot kg \cdot s^{-2}$
圧力	パスカル	Pa	$N \cdot m^{-2}$	$m^{-1} \cdot kg \cdot s^{-2}$
エネルギー，仕事，熱量	ジュール	J	$N \cdot m$	$m^2 \cdot kg \cdot s^{-2}$
仕事率	ワット	W	$J \cdot s^{-1}$	$m^2 \cdot kg \cdot s^{-3}$
電荷，電気量	クーロン	C		$s \cdot A$
電位差，電圧	ボルト	V	$W \cdot A^{-1} = J \cdot C^{-1}$	$m^2 \cdot kg \cdot s^{-3} \cdot A^{-1}$
電気容量	ファラド	F	$C \cdot V^{-1}$	$m^{-2} \cdot kg^{-1} \cdot s^4 \cdot A^2$
電気抵抗	オーム	Ω	$V \cdot A^{-1}$	$m^2 \cdot kg \cdot s^{-3} \cdot A^{-2}$
コンダクタンス	ジーメンス	S	Ω^{-1}	$m^{-2} \cdot kg^{-1} \cdot s^3 \cdot A^2$
磁束	ウェーバ	Wb	$V \cdot s$	$m^2 \cdot kg \cdot s^{-2} \cdot A^{-1}$
磁束密度	テスラ	T	$Wb \cdot m^{-2} = V \cdot s \cdot m^{-2}$	$kg \cdot s^{-2} \cdot A^{-1}$
インダクタンス	ヘンリー	H	$Wb \cdot A^{-1}$	$m^2 \cdot kg \cdot s^{-2} \cdot A^{-2}$

表2　SI接頭語

倍数	接頭語		記号	倍数	接頭語		記号
10^{-1}	deci	デシ	d	10^{24}	yotta	ヨタ	Y
10^{-2}	centi	センチ	c	10^{21}	zetta	ゼタ	Z
10^{-3}	milli	ミリ	m	10^{18}	exa	エクサ	E
10^{-6}	micro	マイクロ	μ	10^{15}	peta	ペタ	P
10^{-9}	nano	ナノ	n	10^{12}	tera	テラ	T
10^{-12}	pico	ピコ	p	10^{9}	giga	ギガ	G
10^{-15}	femto	フェムト	f	10^{6}	mega	メガ	M
10^{-18}	atto	アト	a	10^{3}	kilo	キロ	K
10^{-21}	zepto	ゼプト	z	10^{2}	hecto	ヘクト	H
10^{-24}	yocto	ヨクト	y	10^{1}	deca	デカ	D

表3　基礎物理定数

物理量	記号	数値と単位
真空中の光速	c	2.99792458×10^{8} m・s^{-1}（定義）
真空の誘電率	ε_0	$8.854187817 \times 10^{-12}$ F・m^{-1}
真空の透磁率	μ_0	$4\pi \times 10^{-7}$ H・m^{-1}=N・A^{-2}（定義）
プランク定数	h	$6.62606896 \times 10^{-34}$ J・s
換算プランク定数	$\hbar$	$1.0545727 \times 10^{-34}$ J・s
電気素量	e	$1.602176487 \times 10^{-19}$ C
電子の静止質量	m_e	$9.10938215 \times 10^{-31}$ kg
陽子の静止質量	m_p	$1.672621637 \times 10^{-27}$ kg
アボガドロ定数	N_A	$6.02214179 \times 10^{23}$ mol^{-1}
ボルツマン定数	k, k_B	$1.3806504 \times 10^{-23}$ J・K^{-1}
ボーア半径	a_0	$5.2917720859 \times 10^{-11}$ m
リュードベリ定数	R_∞	$1.0973731568527 \times 10^{7}$ m^{-1}
ボーア磁子	μ_B	$9.27400915 \times 10^{-24}$ J・T^{-1}

表4　ギリシャ文字

文字	読み方	英語表記	文字	読み方	英語表記
A, α	アルファ	alpha	N, ν	ニュー	nu
B, β	ベータ	beta	Ξ, ξ	グザイ	xi
Γ, γ	ガンマ	gamma	O, o	オミクロン	omicron
Δ, δ	デルタ	delta	Π, π	パイ	pi
E, ε	イプシロン	epsilon	P, ρ	ロー	rho
Z, ζ	ゼータ	zeta	Σ, σ	シグマ	sigma
H, η	イータ	eta	T, τ	タウ	tau
Θ, θ	シータ	theta	Y, υ	ウプシロン	upsilon
I, ι	イオタ	iota	Φ, φ	ファイ	phi
K, κ	カッパ	kappa	X, χ	カイ	chi
Λ, λ	ラムダ	lamda	Ψ, ψ	プサイ	psi
M, μ	ミュー	mu	Ω, ω	オメガ	omega

数学公式

（1）三角関数

$\sin(\alpha \pm \beta) = \sin\alpha\cos\beta \pm \cos\alpha\sin\beta \qquad \cos(\alpha \pm \beta) = \cos\alpha\cos\beta \mp \sin\alpha\sin\beta$

$\tan(\alpha \pm \beta) = \dfrac{\tan\alpha \pm \tan\beta}{1 \mp \tan\alpha\tan\beta} \qquad \sin\alpha\sin\beta = \dfrac{1}{2}\left[\cos(\alpha-\beta) - \cos(\alpha+\beta)\right]$

$\cos\alpha\cos\beta = \dfrac{1}{2}\left[\cos(\alpha-\beta) + \cos(\alpha+\beta)\right] \qquad \sin\alpha\cos\beta = \dfrac{1}{2}\left[\sin(\alpha+\beta) + \sin(\alpha-\beta)\right]$

$\cos 2\alpha = \cos^2\alpha - \sin^2\alpha = 2\cos^2\alpha - 1 = 1 - 2\sin^2\alpha \qquad \sin 2\alpha = 2\sin\alpha\cos\alpha$

$\sin^2\alpha + \cos^2\alpha = 1 \qquad \sin^2\alpha = \dfrac{1-\cos 2\alpha}{2} \qquad \cos^2\alpha = \dfrac{1+\cos 2\alpha}{2}$

$\sin\alpha + \sin\beta = 2\sin\dfrac{\alpha+\beta}{2}\cos\dfrac{\alpha-\beta}{2} \qquad \sin\alpha - \sin\beta = 2\cos\dfrac{\alpha+\beta}{2}\sin\dfrac{\alpha-\beta}{2}$

$\cos\alpha + \cos\beta = 2\cos\dfrac{\alpha+\beta}{2}\cos\dfrac{\alpha-\beta}{2} \qquad \cos\alpha - \cos\beta = -2\sin\dfrac{\alpha+\beta}{2}\sin\dfrac{\alpha-\beta}{2}$

（2）複素数

$z = x + iy = r(\cos\theta + i\sin\theta) \qquad z^* = x - iy \qquad |z| = r = \sqrt{x^2 + y^2} = \sqrt{z^*z}$

$\arg z = \theta = \tan^{-1}\dfrac{y}{x} \qquad \mathrm{Re}(z) = x = \dfrac{z + z^*}{2} \qquad \mathrm{Im}(z) = y = \dfrac{z - z^*}{2i}$

$\mathrm{e}^{\pm i\theta} = \cos\theta \pm i\sin\theta \qquad \cos\theta = \dfrac{\mathrm{e}^{i\theta} + \mathrm{e}^{-i\theta}}{2} \qquad \sin\theta = \dfrac{\mathrm{e}^{i\theta} - \mathrm{e}^{-i\theta}}{2i}$

（3）級数と近似式

$f(x) = f(a) + f'(a)(x-a) + \dfrac{1}{2!}f''(a)(x-a)^2 + \dfrac{1}{3!}f'''(a)(x-a)^3 + \cdots$

$\mathrm{e}^x = 1 + x + \dfrac{x^2}{2!} + \dfrac{x^3}{3!} + \dfrac{x^4}{4!} + \cdots \qquad \ln(1+x) = x - \dfrac{x^2}{2} + \dfrac{x^3}{3} - \dfrac{x^4}{4} + \cdots \quad (-1 < x \leq 1)$

$\sin x = x - \dfrac{x^3}{3!} + \dfrac{x^5}{5!} - \dfrac{x^7}{7!} + \cdots \qquad \cos x = 1 - \dfrac{x^2}{2!} + \dfrac{x^4}{4!} - \dfrac{x^6}{6!} + \cdots$

$(1 \pm x)^n = 1 \pm nx + \dfrac{n(n-1)}{2!}x^2 \pm \dfrac{n(n-1)(n-2)}{3!}x^3 \pm \cdots \quad (-1 < x \leq 1)$

（4）微分

$\dfrac{\mathrm{d}(u+v)}{\mathrm{d}x} = \dfrac{\mathrm{d}u}{\mathrm{d}x} + \dfrac{\mathrm{d}v}{\mathrm{d}x} \qquad \dfrac{\mathrm{d}(uv)}{\mathrm{d}x} = \dfrac{\mathrm{d}u}{\mathrm{d}x}v + u\dfrac{\mathrm{d}v}{\mathrm{d}x}$

（5）積分

$\displaystyle\int_0^\infty x^n \mathrm{e}^{-ax}\mathrm{d}x = \dfrac{n!}{a^{n+1}} \quad (n \text{ は整数}) \qquad \int_0^\infty \sqrt{x}\,\mathrm{e}^{-ax}\mathrm{d}x = \dfrac{1}{2a}\sqrt{\dfrac{\pi}{a}} \quad (a > 0)$

$\displaystyle\int_0^\infty \mathrm{e}^{-ax^2}\mathrm{d}x = \sqrt{\dfrac{\pi}{4a}} \qquad \int_0^\infty x^{2n}\mathrm{e}^{-ax^2}\mathrm{d}x = \dfrac{1 \cdot 3 \cdot 5 \cdots (2n-1)}{2^{n+1}a^n}\sqrt{\dfrac{\pi}{a}} \qquad \int_0^\infty x^{2n+1}\mathrm{e}^{-ax^2}\mathrm{d}x = \dfrac{n!}{2a^{n+1}}$

さらに勉強したい人へ

第1章
- P. Atkins, J. de Paula 著，千原秀昭，中村宣男 訳，アトキンス物理化学 第8版（上），東京化学同人（2009），第8章
- 原島 鮮，初等量子力学（改訂版），裳華房（1986），第1～3章
- 松浦和則，角五 彰，岸村顕広，佐伯昭紀，竹岡敬和，内藤昌信，中西尚志，舟橋正浩，矢貝史樹，有機機能材料——基礎から応用まで（エキスパート応用化学テキストシリーズ），講談社（2014）

第2章
- P. Atkins, J. de Paula 著，千原秀昭，中村宣男 訳，アトキンス物理化学 第8版（下），東京化学同人（2009）
- C. Kittel 著，宇野良清，津屋 昇，新関駒二郎，森田 章，山下次郎 訳，キッテル固体物理学入門 第8版，丸善（2005）
- 日本化学会編，大場 茂，矢野重信 編著，X線構造解析（化学者のための基礎講座12），朝倉書店（2004）

第3章
- C. Kittel 著，宇野良清，津屋 昇，新関駒二郎，森田 章，山下次郎 訳，キッテル固体物理学入門 第8版，丸善（2005），第6章
- 永田一清（阿部龍蔵，川村 清 監修），物性物理学（裳華房テキストシリーズ物理学），裳華房（2009），第4章

第4章
自由電子モデルに関して
- C. Kittel 著，宇野良清，津屋 昇，新関駒二郎，森田 章，山下次郎 訳，キッテル固体物理学入門 第8版，丸善（2005），第7章

ヒュッケル分子軌道法，ポリアセチレンの分子軌道法に関して
- 藤永 茂，分子軌道法，岩波書店（1980），第12章

第5章
- C. Kittel 著，宇野良清，津屋 昇，新関駒二郎，森田 章，山下次郎 訳，キッテル固体物理学入門 第8版，丸善（2005），第6章，第8章

- 森 健彦，分子エレクトロニクスの基礎――有機伝導体の電子論から応用まで，化学同人（2013），第8章

第6章
- C. Kittel著，宇野良清，津屋 昇，新関駒二郎，森田 章，山下次郎 訳，キッテル固体物理学入門 第8版，丸善（2005），第7章
- 浜口智尋，谷口研二，半導体デバイスの物理（現代人の物理4），朝倉書店（1990）
- 斉藤 博，今井和明，大石正和，澤田孝幸，鈴木和彦，入門 固体物性――基礎からデバイスまで，共立出版，（1997），pp.141-148
- S. M. Sze著，南日康夫，川辺光央，長谷川文夫 訳，半導体デバイス 第2版――基礎理論とプロセス技術，産業図書（2004）

第7章
- P. Atkins, J. de Paula著，千原秀昭，中村宣男 訳，アトキンス物理化学 第8版（下），東京化学同人（2009）
- C. Kittel著，宇野良清，津屋 昇，新関駒二郎，森田 章，山下次郎訳，キッテル固体物理学入門 第8版，丸善（2005）
- 犬石嘉雄，電気学会大学講座，誘電体現象論，オーム社（1973）
- 日本化学会 編，第4版 実験化学講座9：電気・磁気，丸善（1991），第4章 誘電現象と電気容量・誘電率測定

第8章
- C. Kittel著，宇野良清，津屋 昇，新関駒二郎，森田 章，山下次郎 訳，キッテル固体物理学入門 第8版，丸善（2005），第6章
- 工藤恵栄，光物性基礎，オーム社（1996），第6～8章

第9章
- N. J. Turro, V. Ramamurthy, J. C. Scaiano著，井上晴夫，伊藤 攻 監訳，分子光化学の原理，丸善（2013）
- 長倉三郎 編，光と分子（下）（岩波講座現代化学12），岩波書店（1980）
- 時任静士，安達千波矢，村田英幸，有機ELディスプレイ，オーム社（2004）

第10章
- C. Kittel著，宇野良清，津屋 昇，新関駒二郎，森田 章，山下次郎 訳，キッテル固体物理学入門 第8版，丸善（2005），第11～13章
- P. Atkins, J. de Paula著，千原秀昭，中村宣男 訳，アトキンス物理化学 第8版（下），東京化学同人（2009），第15章

演習問題の解答

[1章]

1.1 3.9×10^{-11} m **1.2** 1.9×10^5 J·mol^{-1} **1.3** 固有値 a

1.4 固有値 ia

[2章]

2.1 面心立方格子：4個，体心立方格子：2個 **2.2** $\dfrac{1}{2}a^3$

2.3 $\boldsymbol{a}^* = \dfrac{2\pi}{a}(\hat{\boldsymbol{y}}+\hat{\boldsymbol{z}})$, $\boldsymbol{b}^* = \dfrac{2\pi}{a}(\hat{\boldsymbol{z}}+\hat{\boldsymbol{x}})$, $\boldsymbol{c}^* = \dfrac{2\pi}{a}(\hat{\boldsymbol{x}}+\hat{\boldsymbol{y}})$ **2.6** 3.7×10^{-1} nm

2.7 $h+k+l$ が偶数の場合に回折線を与える．

[3章]

3.1 $D(\varepsilon) = \dfrac{L\sqrt{2m}}{\pi\hbar\sqrt{\varepsilon}}$ **3.2** $D(\varepsilon) = \dfrac{mL^2}{\pi\hbar^2}$

3.3 $E_0 = \int_0^\infty \varepsilon D(\varepsilon) f(T,\varepsilon) \mathrm{d}\varepsilon = \dfrac{V}{5\pi^2}\left(\dfrac{2m}{\hbar^2}\right)^{3/2} \varepsilon_\mathrm{F}^{5/2} = \dfrac{3}{5} N\varepsilon_\mathrm{F}$ （0 K では $\varepsilon_\mathrm{F} = E_\mathrm{F}$）

3.6 0.5%程度

[4章]

4.1 $p=0\sim 5$ の場合，$\lambda = 1, \dfrac{1}{2}+i\dfrac{\sqrt{3}}{2}, -\dfrac{1}{2}+i\dfrac{\sqrt{3}}{2}, -1, -\dfrac{1}{2}-i\dfrac{\sqrt{3}}{2}, \dfrac{1}{2}-i\dfrac{\sqrt{3}}{2}$

[5章]

5.2 4.8×10 cm^2·V^{-1}·s^{-1} **5.3** 8.9×10^{-4} cm^2·V^{-1}·s^{-1} **5.4** 2.0 A·cm^{-2}

[6章]

6.2 5.4 meV，8.4 nm **6.3** 26 meV **6.4** 11 mol%

[7章]

7.4 （b）

[8章]

8.6 815 N·m^{-1}

[9章]

9.2 吸収：1540 cm^{-1}，発光：1290 cm^{-1} **9.3** $k_\mathrm{ISC} = 0.094$ (ns)$^{-1}$, 0.52 s

9.4 2.8 meV

[10章]

10.3 $N_\beta/N_\alpha = 0.998$

索　引

■欧　文

EPR　214
ESR　214
g因子　215
HOMO　190
ITO　194
k空間　54
LCAO法　73
LUMO　190
n型半導体　117
OLED　194
pn接合　122
p型半導体　119
SCLC　103
S–Sエネルギー移動　190
Time-of-flight法　91
T–Tエネルギー移動　191
X線回折　12
π電子近似　73

■和　文

ア

アクセプター　114
アンチストークス散乱　170
イオン分極　133
位相速度　96
一重項状態　181
1電子近似　43
移動度　89
インジウム・スズ酸化物　194
ウィグナー・サイツセル　16, 30
ウェーバ　201

永久電気双極子　130
永年行列式　80
永年方程式　80
エキシプレックス　193
エキシマー　192
エネルギー移動　190
エネルギーギャップ　66
エネルギー状態密度　57
エネルギー帯　66
エネルギーの再吸収　191
エネルギーバンド　66
オイラーの式　39
応答関数　144
オームの法則　85
音響分枝　164
音響モード　164, 167

カ

外積　22
化学ドーピング　119
角運動量量子数　207
角振動数　156
確率振幅　8
確率密度　8
重なり積分　76
カシャの法則　184
かたく結ばれた電子の近似　73
価電子帯　68, 80
還元領域表示　65
換算質量　156, 178
間接ギャップ半導体　107
間接吸収過程　109
緩和過程　183
緩和時間　92, 144

索　引

緩和振動数　145
規格化　9, 41
規格直交系　11
基準座標　161
基準振動　158
期待値　10, 76
基底状態　176
軌道エネルギー　43
基本単位胞　16
基本並進ベクトル　23
逆格子　28
逆格子ベクトル　28
逆方向バイアス　125
キャリア　89
吸光度　175
吸収スペクトル　175
球面調和関数　207
キュリー温度　217
キュリーの法則　216
境界条件　45
強磁性　217
鏡像関係　176
共鳴条件　214
共鳴積分　76
共鳴ラマン効果　170
強誘電体　147
極座標系　206
極性分子　130
禁止帯　66
金属　1
空間電荷制限電流　103
空乏層　122
屈折率　139
クラウジウス・モソッティの式　139
クーロン積分　76
群速度　96
蛍光スペクトル　175
結合解離エネルギー　178
結合交替構造　78
原子分極　133

光学遷移　107
光学分枝　167
光学モード　167
項間交差　182
光子　5
格子エネルギー　26
格子振動　155
格子定数　18
格子点　15
構造因子　36
光電効果　5
光電子分光法　13
抗電場　148
固有関数　9, 42
固有値　9, 42
固有値方程式　9
コール・コールの円弧型　146

サ

最高被占分子軌道　190
最低空分子軌道　190
三重項・三重項消滅　194
三重項状態　181
三重縮重　168
散乱　92
散乱因子　36
残留磁化　217
残留抵抗　93
残留分極　148
磁荷　201
磁化　214
磁化曲線　217
磁化率　215
磁気回転比　210
磁気感受率　215
磁気双極子モーメント　203
磁気量子数　207
磁区　218
仕事関数　59
視射角　32

227

索 引

磁性体　214
自然寿命　185
磁束密度　202
質量作用則　112
シート抵抗　88
磁場　202
自発分極　147
ジャブロンスキー図　184
周期的境界条件　48
充満帯　68
寿命　185
主量子数　116
シュレーディンガー方程式　8, 41
順方向バイアス　122
常磁性　216
少数キャリア　117
消滅則　38
常誘電体　132
初期位相　156
初期条件　156
真空の透磁率　201
進行波　48, 49
真性キャリア密度　112
振動緩和　181
振動数　6, 156
振動プログレッション　175, 181
振動量子数　178
振幅　156
垂直遷移　179
ストークス散乱　170
スパッタ法　89
スピン・軌道相互作用　183
スピン磁気量子数　208
スピン選択則　182
スピン量子数　208
正孔　102
正バイポーラロン　120
正ポーラロン　120
整流　126
赤外分光法　12

絶縁体　1
遷移　179
遷移電気双極子モーメント　180
増感　190
相補的　7
速度　6
損失角　141

タ

第1ブリュアン帯域　30
ダイオード　126
体心単位胞　19
ダイナミクス　139
太陽電池　126
多重度　181
多数キャリア　117
縦波　168
ダビドソン・コールのゆがみ円弧型　146
単位格子　16
単位構造　15
単位胞　16
単純斜方格子　24
単純単位胞　19
単振動　155
タンデルタ　143
断熱近似　42, 176
断熱ポテンシャル　176
遅延蛍光　193
力の定数　177
チャイルド則　103, 104
注入型電界発光　126
超伝導量子干渉計　215
調和振動子近似　155, 177
直接ギャップ半導体　107
直接吸収過程　108
直線回帰　138
直交座標系　206
通過時間　91
定在波　48
デクスター型　190

索　引

デバイ　129
デバイ・シェラー環　33
デバイの式　145
電位　149
電界発光　194
電気感受率　132, 143
電気双極子　129
電気双極子モーメント　129
電気抵抗率　85
電気伝導率（度）　86
電気分極　132
電子　3
電子常磁性共鳴　214
電子スピン共鳴　214
電子分極　133
電子ボルト　54
電束密度　134
伝導帯　68, 80
電流担体　89
電流密度　86
透磁率　215
動力学　139
ドナー　114
ドナー準位　115
ド・ブロイ波　4
トランスファー積分　76
ドリフト速度　89

ナ

内積　22
内部転換　184
2端子法　87
ネール温度　218

ハ

配向分極　133
パウリ常磁性　216
パウリの排他原理　6, 46
波数　6, 157
波数空間　54

波束　8, 94
波長　4
発光ダイオード　126, 198
波動関数　8, 41
波動・粒子の二重性　5
バネ定数　177
ハミルトン演算子　9
反強磁性　218
反磁性　216
半充満帯　67
半導体　2
バンドギャップ　66
光起電力効果　129
非局在構造　73
非調和定数　178
比誘電率　134
フェリ磁性　218
フェルスター型　190
フェルミエネルギー　54
フェルミ温度　55
フェルミ準位　58
フェルミ速度　55
フェルミ・ディラック統計　58
フェルミ・ディラックの分布関数　58
フェルミ波数　54
フェルミ面　55
フォノン　165
不確定性原理　7
複素比誘電率　140
　　——の測定法　142
節　46
不純物半導体　114
フックの法則　155
部分座標　23
ブラッグの法則　32
ブラベー格子　18
フランク・コンドン状態　179
フランク・コンドンの原理　179
プランク定数　4
フレンケル励起子　188

索　引

ブロッホ関数　70
ブロッホの定理　70
分極率　132
分極率体積　132
分散関係　96, 163
分枝　163
変位分極　133
変分原理　81
変分法　80, 81
ボーア磁子　211
ボーアの振動数条件　180
ボーア半径　116
放射過程　183
放射寿命　185
保持力　217
ポテンシャルエネルギー　41, 149
ポリアセチレン　73, 82
ホール　102
ボルツマン分布　60
ボルン・オッペンハイマー近似　176

マ

マクスウェルの方程式　139
マクスウェル・ボルツマン分布　60
マティーセンの規則　94
マーデルング定数　27
ミラー指数　24
無極性分子　130
無放射過程　183
面心単位胞　19
モースポテンシャルエネルギー曲線　177
モル分極　136

ヤ

誘起電気双極子モーメント　131

有機発光ダイオード　194
有効質量　92, 97
有効状態密度　111
誘電緩和　145
誘電吸収　145
誘電正接　141
誘電体　132
誘電分散　145
誘電率　134
横波　168
4端子法　87

ラ，ワ

ラウエ条件　34
ラマン効果　12
ラマン散乱　170
ラマンシフト　170
ラマンスペクトル　170
ラマン分光法　12, 170
ランジュバン・デバイの式　136
リュードベリ定数　115, 116
量子収率　185
量子数　45
量子論　8
リン光　182
励起移動　190
励起子　188
励起状態　177
レイリー散乱　170
連成振動　158
ワニエ励起子　188

著者紹介

古川 行夫（ふるかわ ゆきお）　理学博士
1981年東京大学大学院理学系研究科化学専攻修士課程修了．東北大学薬学部助手，東京大学理学部助手・講師・助教授を経て，1997年より早稲田大学理工学部教授．2008年から同大学理工学術院教授．

NDC 431　238 p　21 cm

エキスパート応用化学テキストシリーズ

物性化学（ぶっせいかがく）

2015年3月25日　第1刷発行
2024年7月22日　第3刷発行

著　者　古川行夫（ふるかわゆきお）
発行者　森田浩章
発行所　株式会社　講談社
　　　〒112-8001　東京都文京区音羽2-12-21
　　　　販　売　(03) 5395-4415
　　　　業　務　(03) 5395-3615

編　集　株式会社　講談社サイエンティフィク
　　　代表　堀越俊一
　　　〒162-0825　東京都新宿区神楽坂2-14　ノービィビル
　　　　編　集　(03) 3235-3701

印刷所　株式会社双文社印刷
製本所　株式会社国宝社

落丁本・乱丁本は，購入書店名を明記のうえ，講談社業務宛にお送り下さい．送料小社負担にてお取替えします．なお，この本の内容についてのお問い合わせは講談社サイエンティフィク宛にお願いいたします．定価はカバーに表示してあります．

© Yukio Furukawa, 2015

本書のコピー，スキャン，デジタル化等の無断複製は著作権法上での例外を除き禁じられています．本書を代行業者等の第三者に依頼してスキャンやデジタル化することはたとえ個人や家庭内の利用でも著作権法違反です．

[JCOPY]〈(社)出版者著作権管理機構 委託出版物〉
複写される場合は，その都度事前に(社)出版者著作権管理機構（電話 03-5244-5088, FAX 03-5244-5089, e-mail : info@jcopy.or.jp）の許諾を得て下さい．

Printed in Japan

ISBN 978-4-06-156804-4

講談社の自然科学書

エキスパート応用化学テキストシリーズ

学部2～4年生，大学院生向けテキストとして最適!!

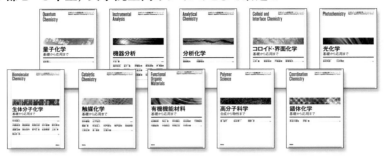

量子化学
基礎から応用まで
金折 賢二・著
A5・304頁・本体3,200円

> 量子力学の成立・発展から構造化学や分光学までていねいに解説．

コロイド・界面化学
基礎から応用まで
辻井 薫／栗原 和枝／戸嶋 直樹／君塚 信夫・著
A5・288頁・本体3,000円

> 熱化学などの基礎からていねいに解説．

分析化学
湯地 昭夫／日置 昭治・著
A5・204頁・本体2,600円

> 初学者がつまずきやすい箇所を，懇切ていねいに．

機器分析
大谷 肇・編著
A5・288頁・本体3,000円

> 機器分析のすべてがこの1冊でわかる！

光化学
基礎から応用まで
長村 利彦／川井 秀記・著
A5・320頁・本体3,200円

> 光化学を完全に網羅．フォトニクス分野もカバー．

生体分子化学
基礎から応用まで
杉本直己・編著　内藤昌信／高橋俊太郎／田中直毅／建石寿枝／遠藤玉樹／津本浩平／長門石 暁／松原輝彦／橋詰峰雄／上田 実／朝山章一郎・著
A5・304頁・3,200円

> 新たな常識や「非常識」も学べる．

触媒化学
基礎から応用まで
田中 庸裕／山下 弘巳・編著　薩摩 篤／町田 正人／宍戸 哲也／神戸 宣明／岩崎 孝紀／江原 正博／森 浩亮／三浦 大樹・著
A5・288頁・本体3,000円

> 基礎と応用のバランスが秀逸．新しい定番教科書．

有機機能材料
基礎から応用まで
松浦 和則／角五 彰／岸村 顕広／佐伯 昭紀／竹岡 敬和／内藤 昌信／中西 尚志／舟橋 正浩／矢貝 史樹・著
A5・256頁・本体2,800円

> 幅広く，わかりやすく，ていねいな解説．

高分子科学
合成から物性まで
東 信行／松本 章一／西野 孝・著
A5・256頁・本体2,800円

> 基本概念が深くわかる一生役に立つ本．

錯体化学
基礎から応用まで
長谷川 靖哉／伊藤 肇・著
A5・256頁・本体2,800円

> 群論からスタート．最先端の研究まで紹介．

表示価格は本体価格(税別)です．消費税が別途加算されます．　「2020年1月現在」

講談社サイエンティフィク　http://www.kspub.co.jp/